BAKING HANDBOOK

烘焙教科书

美食教科书团队◎主编

吉林科学技术出版社

图书在版编目(CIP)数据

烘焙教科书 / 美食教科书团队主编. -- 长春 : 吉林科学技术出版社, 2020.12

ISBN 978-7-5578-7768-2

Ⅰ. ①烘… Ⅱ. ①美… Ⅲ. ①烘焙－糕点加工 Ⅳ. ①TS213.2

中国版本图书馆CIP数据核字(2020)第198628号

烘焙教科书

HONGBEI JIAOKESHU

主　　编　美食教科书团队
出 版 人　宛　霞
责任编辑　朱　萌　丁　硕
封面设计　吉广控股有限公司
制　　版　长春美印图文设计有限公司
幅面尺寸　167 mm × 235 mm
开　　本　16
印　　张　15
字　　数　200千字
印　　数　1-5 000册
版　　次　2020年12月第1版
印　　次　2020年12月第1次印刷

出　　版　吉林科学技术出版社
发　　行　吉林科学技术出版社
地　　址　长春市福祉大路5788号
邮　　编　130118
发行部电话 / 传真　0431-81629529　81629530　81629531
81629532　81629533　81629534
储运部电话　0431-86059116
编辑部电话　0431-81629518
印　　刷　吉广控股有限公司

书　　号　ISBN 978-7-5578-7768-2
定　　价　39.90元

前言

Foreword

这是一本烘焙的秘籍，无论你是个烘焙新手，还是个烘焙探索者，都能在这里找到你想要的。

本书含有蛋糕、饼干、面包、比萨、糖果和一些其他品类西点的详细做法，并附以实物步骤图。同时，本书专为在烘焙道路上跌跌撞撞不得其门而入的朋友增加了烘焙小课堂章节，该章节从最基础的工具和原料开始讲起，每个工具的名称、用途及原料的搭配都有详细的描述。除此之外，我们还在烘焙单元加入了制作小贴士，这些小贴士都是作者在多年的烘焙制作过程中总结出的经验。每一款美食的制作方法都简单易学，只要跟着步骤做下来，属于你的美味甜品很快就会出现啦！

烘焙是一种快乐的生活体验。在一个阳光明媚的午后，邀三五知己或家人小聚，花一点儿心思，用一点儿时间，烤制一份蛋糕也好，制作几块饼干也罢，让生活充满情调。

衷心希望这本书能成为您烘焙之路上的良师益友，让您学会烘焙，爱上烘焙，从烘焙中获取源源不断的快乐。

目录

烘焙小课堂

可爱蛋糕

幸福饼干

健康面包

美味派、比萨

甜心糖果

其他烘焙

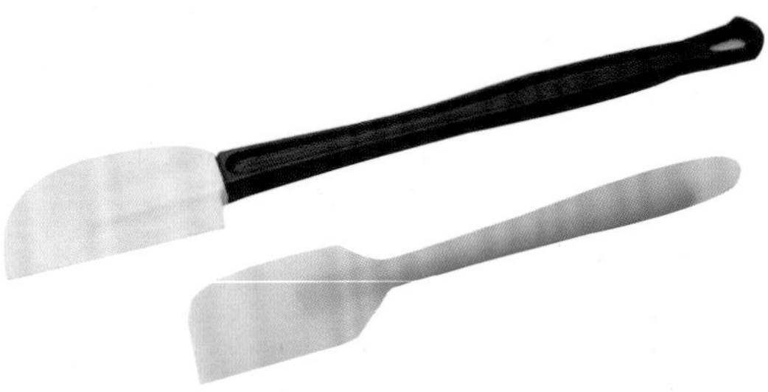

烘焙小课堂

原料介绍 Introductio

高筋面粉

中筋面粉

低筋面粉

面粉：面粉分为高筋面粉、中筋面粉和低筋面粉三种。高筋面粉用来制作面包，中筋面粉用来制作中式点心、蛋挞皮与派皮，低筋面粉用来制作蛋糕和饼干。

绵白糖

细砂糖

糖粉

绵白糖、细砂糖、糖粉：绵白糖质地较软、细腻，没有细砂糖的纯度高；细砂糖是颗粒较小的砂糖，用于一般的蛋糕和饼干的制作；把砂糖磨成粉状，加入淀粉混合而成的就是糖粉，糖粉广泛使用于蛋糕装饰、糖衣和曲奇的制作中。

酵母

泡打粉

膨松剂：酵母可使面坯发酵，它大致分为鲜酵母、干酵母和即发酵母粉三种。泡打粉作为使蛋糕和曲奇膨胀的一种化学膨松剂，可以去除苦味并使面坯发酵。泡打粉的膨松系数是小苏打的2～3倍，它可使坯料向两侧膨胀。

奶粉

奶粉：奶粉是将牛奶脱水后制成的粉末。烘焙时加入奶粉可以增加制品的奶香味。

raw materials

抹茶粉

可可粉

咖啡粉

榛子粉

杏仁粉

其他粉类：目前市场上有许多天然粉类，例如抹茶粉、可可粉、咖啡粉等，将它们加到面包、饼干和蛋糕中便可呈现出多种颜色。可可粉是可可豆磨碎而成，可用于制作饼干或蛋糕。榛子粉是榛仁磨碎而成，在烘焙中经常用到。杏仁粉是用杏仁磨成的粉，将其添加在蛋糕中，可以丰富蛋糕的口味。

盐

盐：在制作面包时，盐会抑制酵母的发酵。盐加入烘焙制品中，可以调节口味，提高韧性和弹性。

核桃

葡萄干

坚果、果干：核桃在锅中稍微炒一下，或在烤箱中烤至酥脆，可除杂味，味道更香。果干主要有葡萄干、蓝莓干、蔓越莓干等，使用前最好在朗姆酒或温水中泡一下。

牛奶

牛奶：制品中加入牛奶可以增加面团的湿润度，也可使制品有奶香味。

淡奶油

淡奶油：淡奶油是由牛奶提炼而成的，将其打发成奶油，可以用于装饰或裱花。淡奶油需要冷藏保存。

乳酪

乳酪：乳酪是牛奶制成的发酵品，可以用来做蛋糕、面包。

鸡蛋

鸡蛋：制作面包、饼干、蛋糕都要加入鸡蛋，通常把鸡蛋置于室内常温储存，长时间保存建议冷藏。一个鸡蛋的质量一般为 50 克，蛋白、蛋黄和蛋壳的比例为 6 ：3 ：1。

巧克力酱

巧克力

白芝麻

黑芝麻

花生碎

肉松

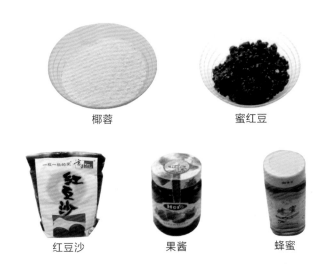

椰蓉

蜜红豆

红豆沙

果酱

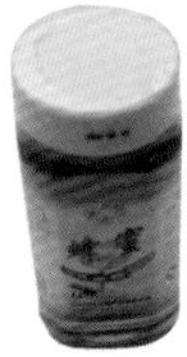

蜂蜜

其他添加材料：巧克力酱、巧克力、白芝麻、黑芝麻、花生碎、肉松、椰蓉、蜜红豆、红豆沙、果酱、蜂蜜等都是烘焙的添加材料，可以丰富制品口感。

黄油

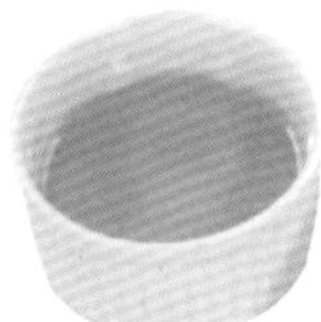

植物油

油：油是烘焙的基本原料之一。黄油通常使用无盐黄油，有时还可以加入配料油。无盐黄油也可用人造黄油、起酥油替代，但口味和营养都不如无盐黄油，反式脂肪酸含量又高，最好不用。烘焙中还经常使用植物油和橄榄油。

工具介绍 Introd

烤箱

手持搅拌器

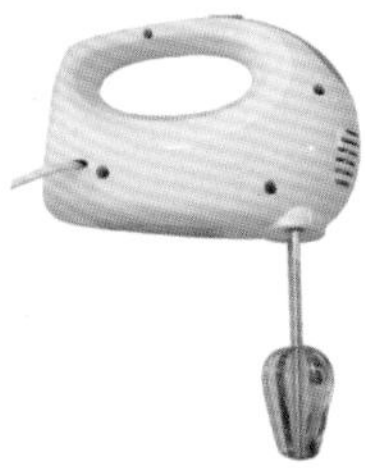

手持电动搅拌器

桌式电动搅拌器

烤箱是烘焙的必备工具。烤箱有天然气烤箱、电烤箱和传统燃料烤箱等多种类型。无论选什么类型，适合自己最重要。

烘焙中通常需要两种搅拌器，一种是非电动搅拌器，另一种是电动搅拌器。一般来说：非电动搅拌器用来搅拌蛋黄糊，电动搅拌器用来打发蛋白、淡奶油等。

电子秤

量杯

量匙

在西点制作过程中，正确地称量食材的质量可以提高配方的成功率。

电子秤可以用来称量多种食材，在称量之前要记得去掉盛放食材的器皿的重量。

量杯可以用来测量液体食材。使用量杯时一定要在平的操作台上进行，从正面查看刻度。

量匙可以用来测量少量的液体和粉类食材。量粉类食材时，盛满一匙后，表面超出的部分用手指或者尺子刮掉即可。

---

tion to tools

玻璃碗

双层盆

搅拌盆

根据不同的需求，可以在制作西点的过程中选择合适大小的盆和碗。盛放原料，混拌面糊、蛋白霜，打发淡奶油，隔水加热，静置冷却等过程都需要用到盆和碗。不锈钢盆的传导性较好，用于隔水加热或者隔冰水降温时，能够快速导热。玻璃碗隔热效果好，而且美观实用。

大小锯齿刀：这种刀具主要用来切割蛋糕。

大小橡皮刮刀：用来混拌材料，也可以用来刮除粘在搅拌盆上的面糊、奶油等。

蛋糕模：烘烤蛋糕的模具，有不同的尺寸和形状。

电磁炉：用来加热浆料、烫制泡芙面糊或者熬煮糖浆等。

工具介绍 Introd

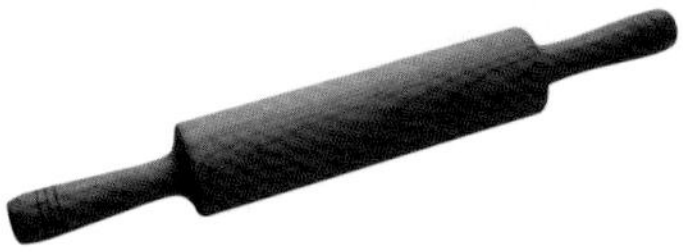

擀面杖：用来擀制面团的工具。

钢尺：可以正确量出长度，也可用于切割面团和蛋糕。

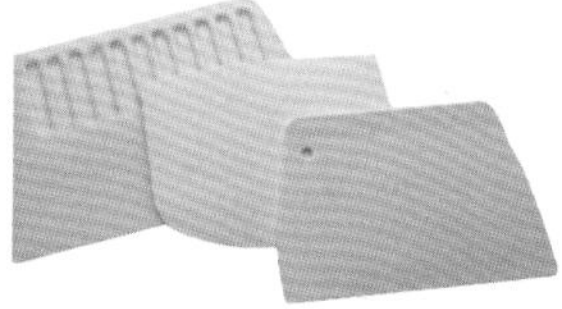

刮板：用于混拌材料，或者将盆内剩余的面糊等刮出来。

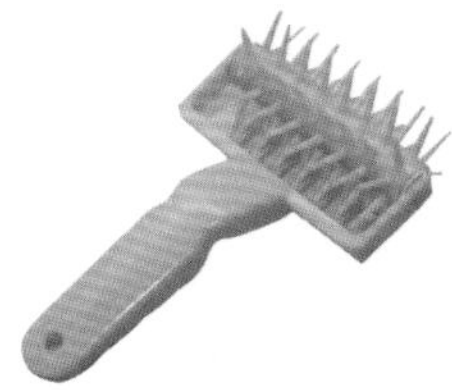

滚轮针：用来给面皮扎孔的工具。

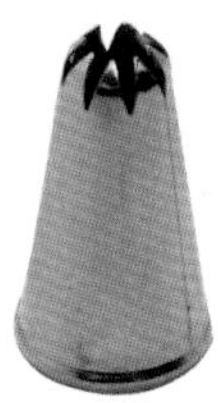

裱花嘴：将奶油或者面糊等挤出的工具，裱花嘴有不同大小和形状，操作者可以根据需要选择合适的型号。

烤盘：用于盛放烘烤制品的器皿。

软胶模：烘烤蛋糕的模具。

毛刷：用来涂抹糖浆或者蛋液等的工具。

tion to tools

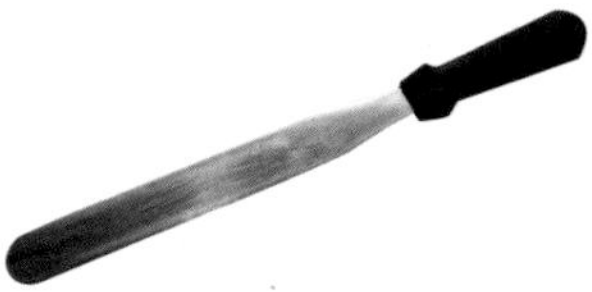

抹刀：用来抹面的工具。

切面刀：用来分割面团的工具。

吐司模：烘烤吐司的模具。

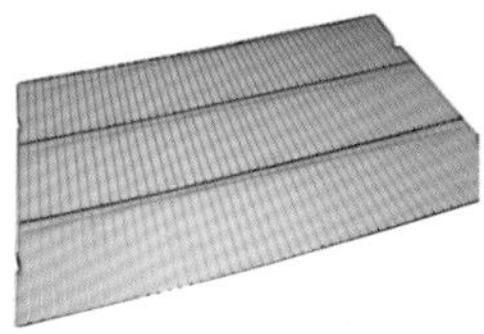

网架：用来放置烤好的制品，使其冷却。

网筛：用于粉类材料或者液体材料的过筛。

压模：可以压出各种大小的圆形面饼。

小奶锅：用于熬制奶油、馅料、酱汁或糖浆等。

备注：

1. 不同烤箱的性能存在差异，因此本书中所写的烘烤时间仅供参考。具体的烘烤时间和温度可以做微调。烘烤时可根据烘烤制品的状态来调整时间。

2. 若无特别标识，本书中用到的鸡蛋的质量一般在50克左右。

3. 烘烤之前烘焙制品刷的蛋液，刷烤盘的黄油、植物油均不包含在配方里。如不特殊说明，蛋液指的是鸡蛋的全蛋液。

4. 如不特殊说明，本书中的黄油均为无盐黄油。

5. 为了方便操作，本书将液体的计量单位也计为克，可以一同使用电子秤称重操作，省去了单独使用量杯的麻烦。

可爱蛋糕

原味
磅蛋糕

食材

低筋面粉	100 克
柠檬汁	10 克
黄油	100 克
鸡蛋	2 个
细砂糖	100 克
淡奶油	35 克
泡打粉	3 克

制作过程

1 

鸡蛋磕入碗中，搅拌均匀后取100克备用。

2 

黄油加入细砂糖打发，细砂糖要分三次加入。

3 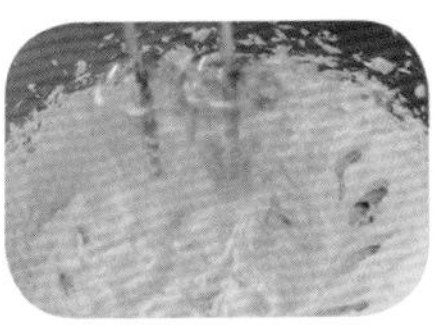

加入柠檬汁、蛋液搅拌均匀。

4 

放入过筛的泡打粉、低筋面粉，倒入淡奶油搅拌均匀。

5 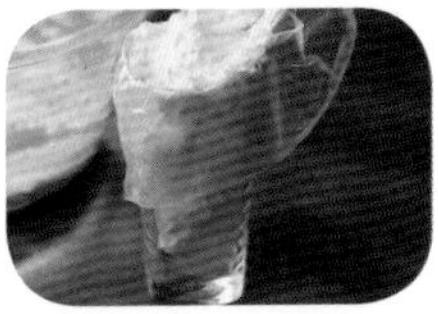

面糊装入裱花袋。

6 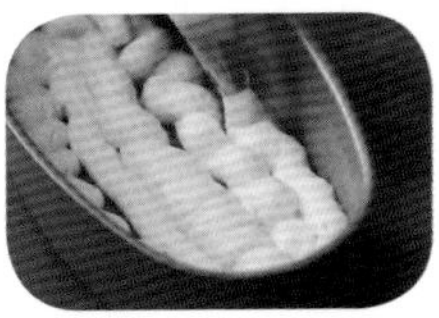

蛋糕模具中先抹上薄薄的一层黄油，再将面糊挤入模具中。

7 

放入预热好的烤箱中，以上下火 160℃先烤 20 分钟，取出蛋糕，在蛋糕的表面轻轻划一刀，然后放入烤箱继续烤 30 分钟即可。

小贴士

蛋液和黄油要搅拌均匀；烤制的过程中用牙签插入蛋糕，然后取出，如果牙签上面没有粘到面糊，证明蛋糕已经熟透了。

酸奶芝士蛋糕

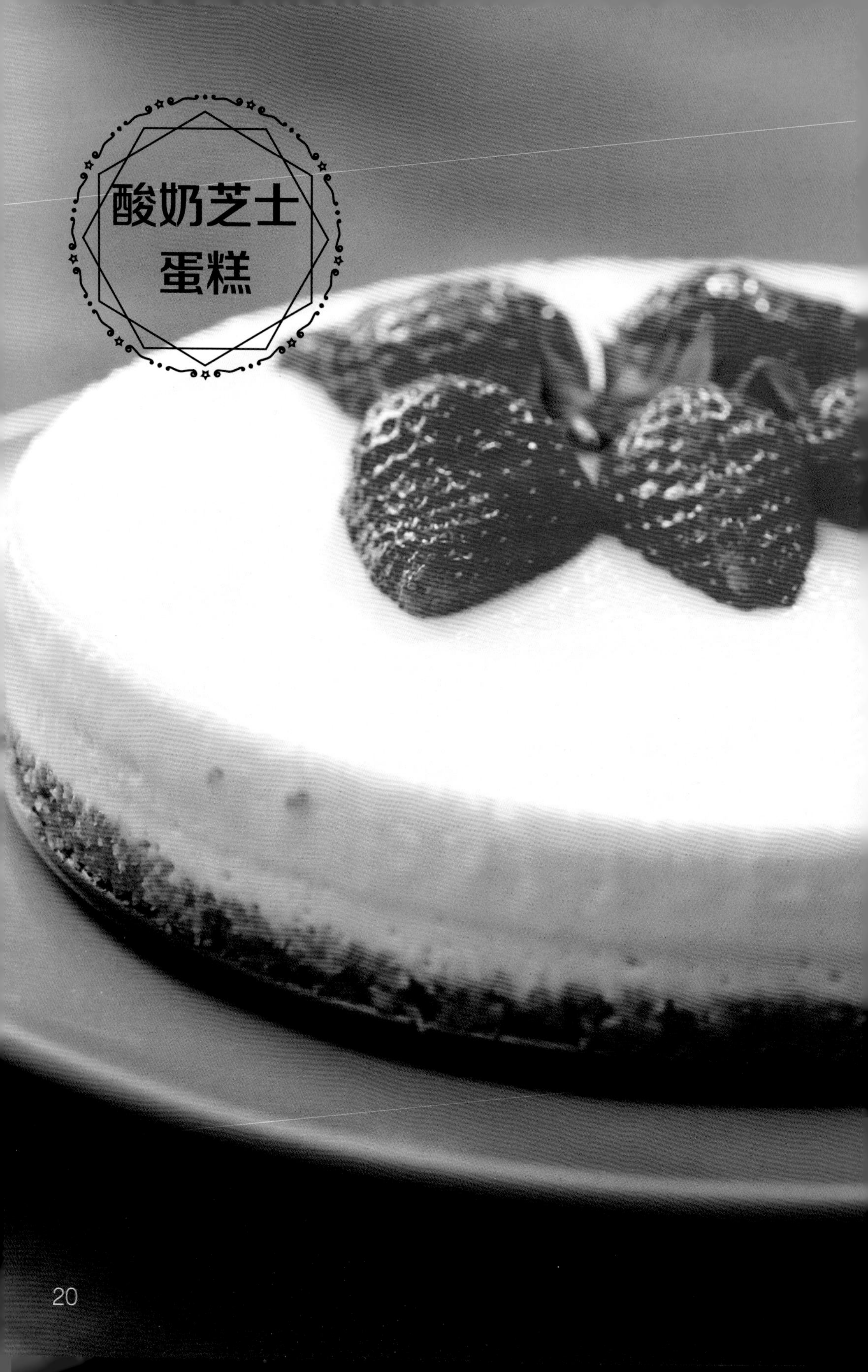

食材

吉利丁粉	6 克
细砂糖	70 克
消化饼干	120 克
牛奶	40 克
黄油	45 克
柠檬汁	20 克
水	适量
朗姆酒	10 克
淡奶油	120 克
酸奶	200 克
奶油奶酪	250 克
鸡蛋	2 个
草莓	适量

制作过程

1 

消化饼干压碎。

2 

容器中注入热水，将黄油隔水熔化。

3 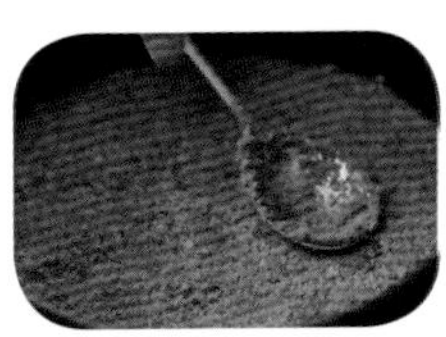

消化饼干碎中放入黄油搅拌均匀，倒入模具中压平、压实。

4

将鸡蛋的蛋黄、蛋清分离，蛋黄搅拌均匀。

5
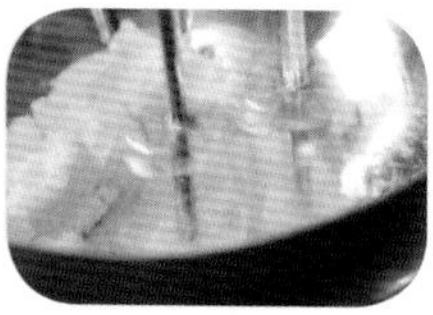

容器中注入热水，将奶油奶酪加入细砂糖隔水加热打发。

6
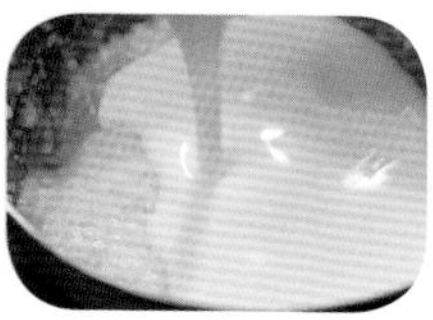

放入柠檬汁、蛋黄液、朗姆酒、酸奶搅拌均匀。

7
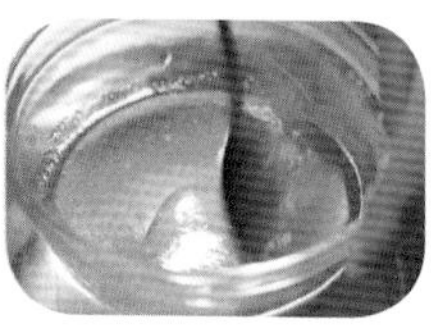

将吉利丁粉用水溶解后，再放入热水中隔水加热使其完全熔化。

8

牛奶与淡奶油混合后，加入吉利丁粉液搅拌均匀。

9
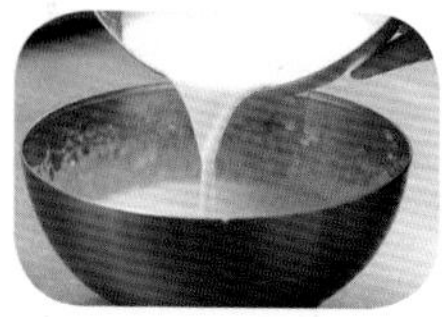

将牛奶混合物分三次加入打发好的奶油酪中，搅拌均匀。

10

搅拌好的奶糊倒入铺好饼干碎的模具中，轻轻震出气泡，放入冰箱冷藏 4 小时。

11
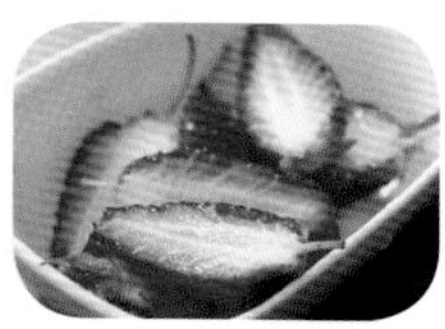

将洗净的草莓切成两半。

小贴士

酸奶要选用原味酸奶，饼干碎和黄油要搅拌均匀后铺到模具底部，一定要压实。

12

取出蛋糕，用吹风机进行脱模。

13

切好的草莓点缀在蛋糕上，既漂亮又美味的酸奶芝士蛋糕就做好了。

美食手账

黑芝麻奶酪蛋糕

食材

奶油奶酪	200 克
细砂糖	70 克
柠檬	半个
鸡蛋	1 个
淡奶油	100 克
黑芝麻粉	30 克
低筋面粉	10 克
淀粉	9 克
饼干碎	80 克
黄油	15 克

制作过程

1 

将黄油和饼干碎混合，充分拌匀，平铺到模具的底部，用勺子压平。

2 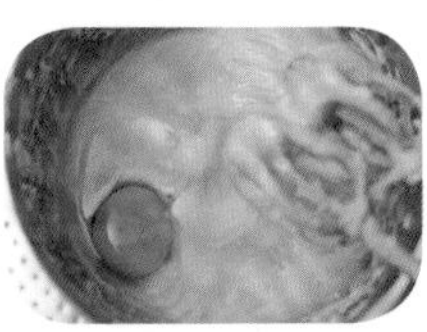

将奶油奶酪和细砂糖倒在一起，隔水加热，一直搅拌成膏状，加入鸡蛋，搅拌均匀。

3 

加入淡奶油，拌匀，挤入柠檬汁，拌匀。

4 

加入所有的粉类材料，继续拌匀成面糊。

5 

将拌好的面糊倒入底部铺有饼干底的模具中。

6 

用水浴法以上下火 180℃烘烤约 1 个小时即可。

戚风蛋糕

小贴士

制作戚风蛋糕一定要保证蛋糕熟透。烤制的过程中可将牙签插入蛋糕中，然后取出，如果牙签上面没有粘到面糊，证明蛋糕已经熟透了。蛋糕烤好后要迅速取出，倒扣晾凉，防止表面塌陷。

食材

低筋面粉	105 克
鸡蛋	4 个
牛奶	60 克
细砂糖 1	20 克
细砂糖 2	20 克
植物油	6 克
塔塔粉 1	1 克
塔塔粉 2	4 克
泡打粉	2 克
吉利丁粉	12 克

制作过程

1

在加热后的牛奶中加入细砂糖 1、植物油，充分搅拌至油和牛奶完全融合。

2

将鸡蛋的蛋清和蛋黄分离。

3

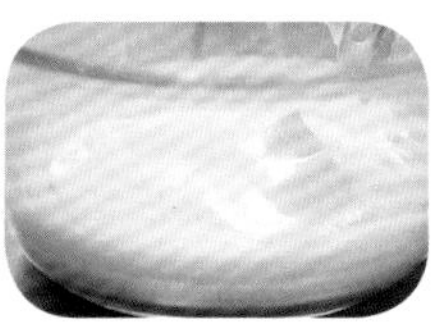

蛋清中加入塔塔粉 1、细砂糖 2 打发（细砂糖分三次加入）。

4

将泡打粉、吉利丁粉、塔塔粉 2、低筋面粉筛入牛奶中，加入蛋黄搅拌均匀。

5

将“步骤 3”分三次加入蛋黄糊中，搅拌均匀。

6

拌好的面糊倒入容器中，轻轻震出气泡。

7

放入预热好的烤箱，上下火 130℃烤 70 分钟。

8

烤好的蛋糕采用倒扣的方法晾凉后，取出即可。

黑森林蛋糕

小贴士

樱桃可提前放入，味道更佳。

食材

低筋面粉	50 克
鸡蛋	4 个
可可粉	15 克
黄油	10 克
细砂糖 1	70 克
淡奶油	230 克
细砂糖 2	20 克
樱桃酒	3 克
巧克力	250 克
樱桃	适量

制作过程

1 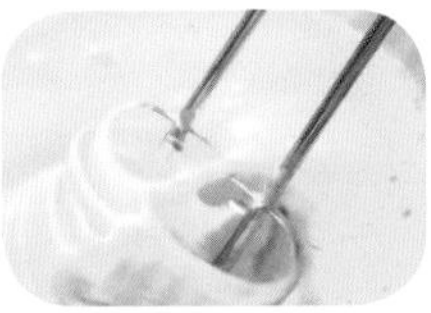

鸡蛋磕入碗中，分三次加入细砂糖 1，将蛋液打发。

2 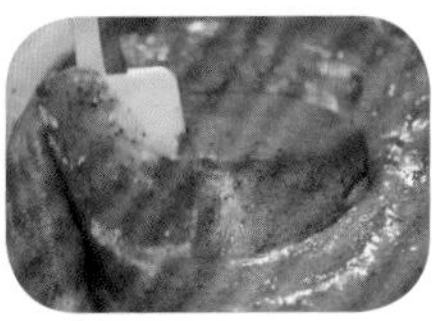

放入过筛的低筋面粉、可可粉，加上黄油翻拌均匀。

3 

模具中抹上一层黄油，倒入面糊，轻轻震出气泡，放入预热好的烤箱中，以上下火 180℃烤 30 分钟。

4 

烤好的蛋糕倒扣晾凉后，先去掉蛋糕的外皮，再分成两层。

5 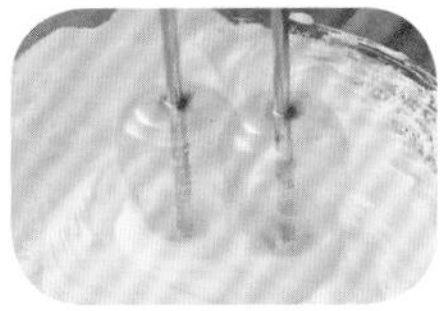

容器中放入淡奶油，加入细砂糖 2 打发。

6 

将蛋糕的表面刷一层樱桃酒，再抹上打发的淡奶油。

7 

盖上另一层蛋糕，还是先刷一层樱桃酒，再涂上淡奶油。

8 

将巧克力用勺子刨成屑状，撒在蛋糕上，放上樱桃即可。

红丝绒蛋糕

食材

低筋面粉	120 克
淀粉	5 克
樱桃	200 克
鸡蛋	5 个
酸奶	160 克
细砂糖 1	100 克
细砂糖 2	150 克
红曲粉	25 克
黄油	80 克
泡打粉	8 克
吉利丁粉	10 克
柠檬汁	2 克
糖粉	50 克
奶油奶酪	200 克
水	60 克

制作过程

1

黄油放入容器中，加入细砂糖 1 打发至黄油的颜色发白。

2
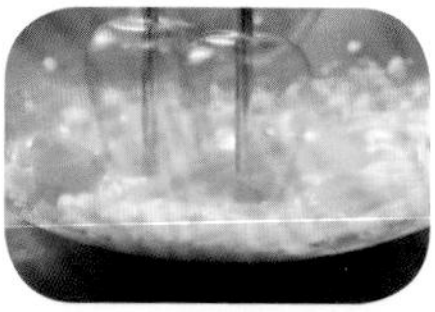

将鸡蛋的蛋黄、蛋清分离，“步骤 1”加入蛋黄继续打发均匀。

3

筛入红曲粉并搅拌均匀，然后加入酸奶继续搅拌均匀。

4

筛入泡打粉和低筋面粉，用硅胶铲翻拌均匀呈糊状。

5
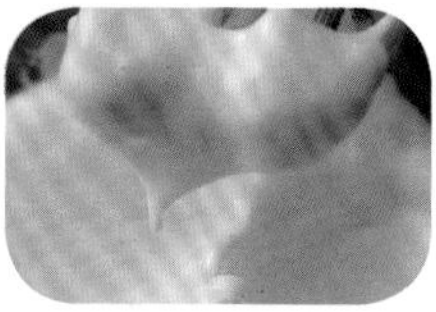

将蛋清放入容器中，放入细砂糖 2、淀粉，打发成干性发泡。

小贴士

尽量选用红曲粉，减少色素的使用；烘焙蛋糕时根据烤箱的不同设置烤制时间，避免蛋糕的水分过多流失，影响口感。

6

将打发的蛋白与面糊混合，翻拌均匀。

7

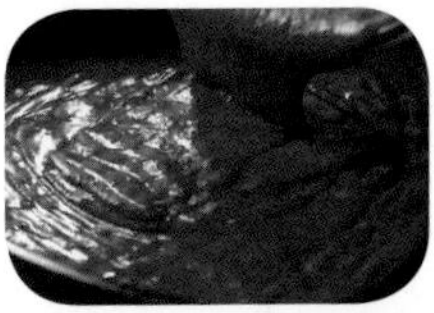

在模具的内壁抹上一层黄油，然后倒入面糊，轻轻震出面糊中的空气，放入预热好的烤箱中，以上下火 170℃烤 50 分钟。

8

容器中放入吉利丁粉，然后倒入水将其溶解，再放到盛有热水的容器中进行隔水加热，使吉利丁粉完全溶化。

9

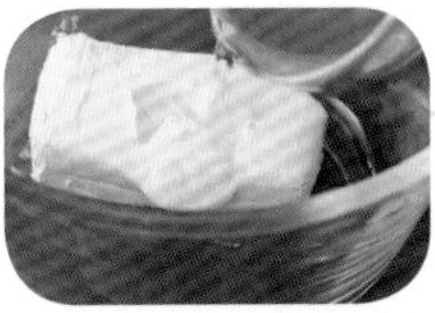

奶油奶酪放入容器中，倒入吉利丁溶液搅拌均匀，再加入柠檬汁、糖粉搅拌均匀，制成馅料。

10

烤好的蛋糕取出后倒扣晾凉，然后将蛋糕分成上下两部分。

11

将其中一层蛋糕的表面抹上一层馅料，再盖上另一层蛋糕，接着在表面抹上一层馅料，放入冰箱冷藏 1 小时，最后放上樱桃做点缀即可。

魔鬼蛋糕

食材

低筋面粉	70 克
鸡蛋	4 个
牛奶	50 克
苏打粉	2 克
绵白糖	30 克
可可粉	20 克
黄油	40 克
奶油	适量

制作过程

1

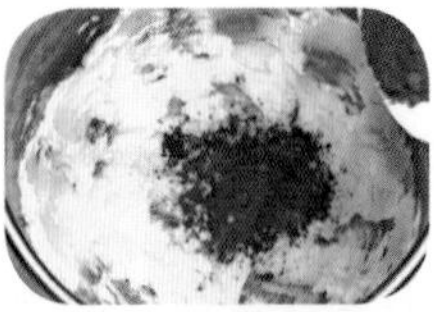

将绵白糖、黄油、鸡蛋、低筋面粉、可可粉、苏打粉、牛奶混合搅拌均匀，制成蛋糕糊。

2

将蛋糕糊装入模具中。

3

用刮板将蛋糕糊抹平，放入烤箱中，以160℃烘烤 35 分钟。

4

烤熟后将蛋糕从模具中取出，片成 3 片。

5

在两层中间均匀地抹上奶油。

6

将成品蛋糕切成小三角形即可食用。

可可栗子蛋糕

食材

低筋面粉	150 克
黄油	225 克
细砂糖 1	57 克
细砂糖 2	57 克
栗子泥	290 克
蛋黄	9 个
蛋清	9 个
可可粉	20 克

制作过程

1

将软化的黄油与栗子泥拌匀，加入细砂糖 1，搅拌均匀。

2

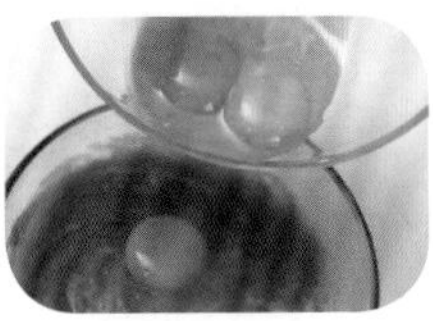

加入蛋黄，拌匀。

3

筛入低筋面粉、可可粉，拌匀。

4

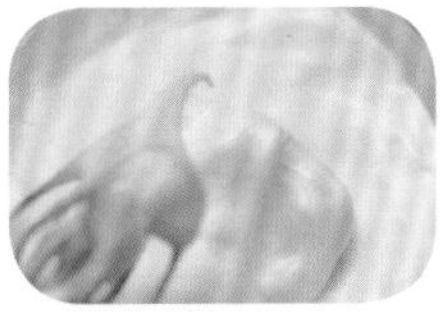

将蛋清与细砂糖 2 一起打发至中性偏湿性发泡，能拉出鹰嘴状的弧度即可，作为蛋白糖霜备用。

5

取三分之一的蛋白糖霜与栗子面糊一起搅拌均匀，然后加入剩余的蛋白糖霜，一起搅拌均匀。

6

入模约八分满，入烤箱以上火 180℃、下火 170℃烘烤 40 ～ 45 分钟即可。

提拉米苏

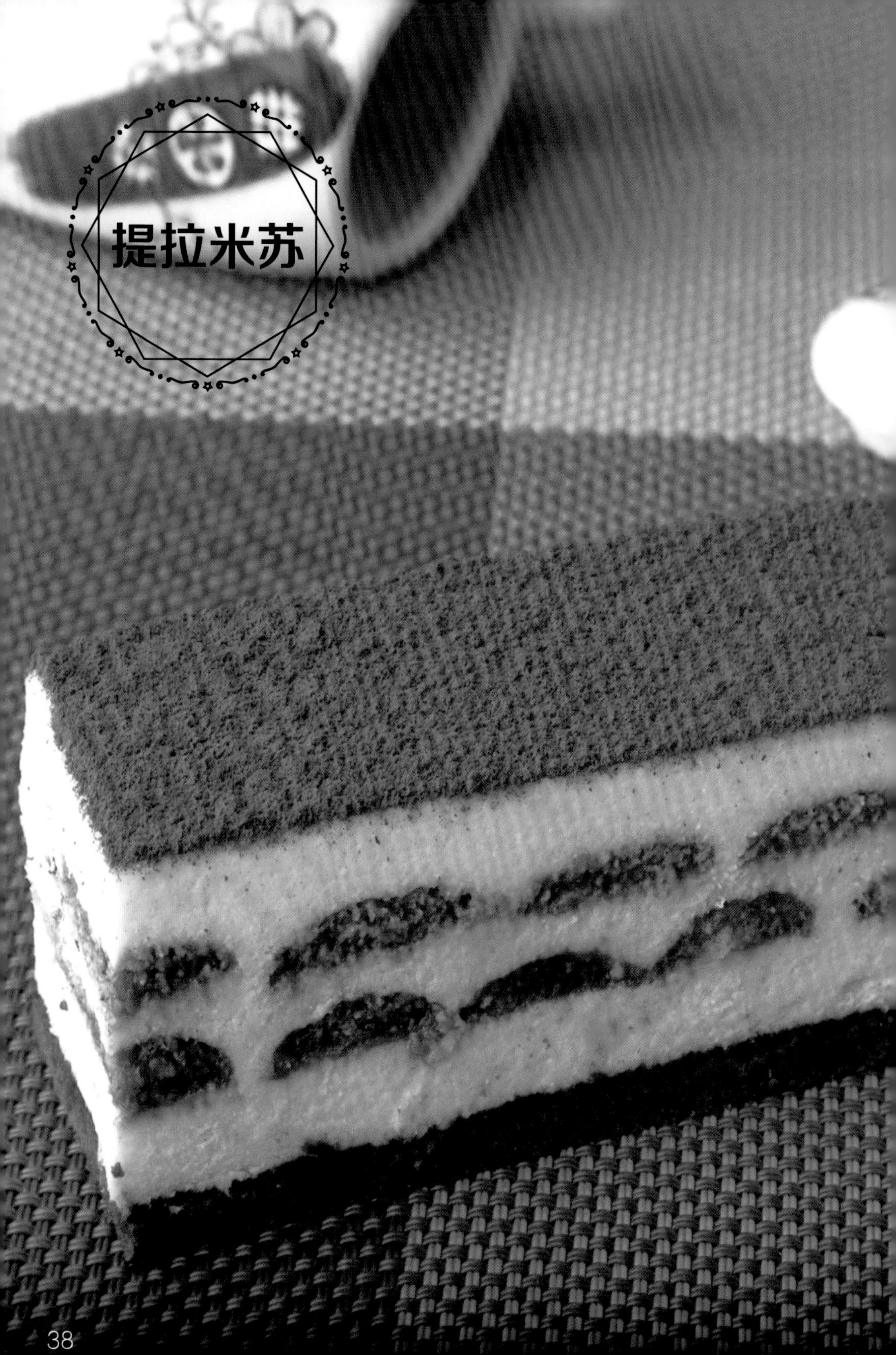

食材

奶油奶酪	375 克
细砂糖	140 克
鸡蛋	4 个
淡奶油	320 克
鱼胶片	30 克
杏仁酒	25 克
手指饼干	200 克
咖啡粉	80 克
巧克力蛋糕坯	1 个

制作过程

1

奶油奶酪切块，用微波炉解冻至柔软，放入不锈钢盆内，再加入细砂糖，搅拌均匀。

2

边搅拌边加入鸡蛋，搅拌均匀，加入淡奶油搅打均匀。

3

加入加热溶化的鱼胶片，搅拌均匀，加入杏仁酒，调拌均匀，制成慕斯。

4

盆内倒入咖啡粉，放入手指饼干浸泡备用。

5

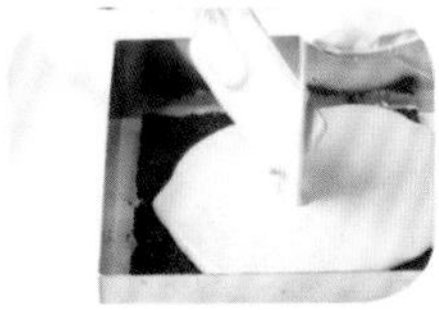

将巧克力蛋糕坯垫入模具底部，均匀地淋上一层慕斯，平铺上手指饼干，继续灌入适量慕斯并抹平，再平铺一层手指饼干。

6

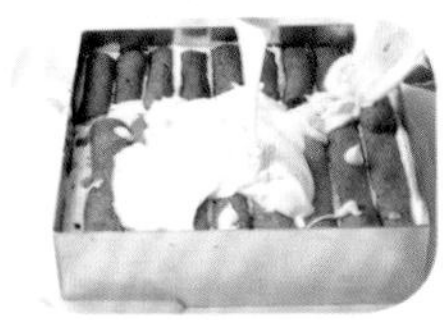

淋入一层慕斯，和蛋糕模具一样高，放入冰箱中冷藏 3 小时即成。

香蕉马芬

食材

低筋面粉	200 克
香蕉	2 个
牛奶	85 克
黄油	50 克
鸡蛋	2 个
细砂糖	80 克
泡打粉	5 克
盐	4 克

制作过程

1

将香蕉切成小块，用勺子碾压成泥。

2

黄油化成液体，倒入容器中，放入细砂糖、盐，搅拌至细砂糖、盐全部溶化。

3
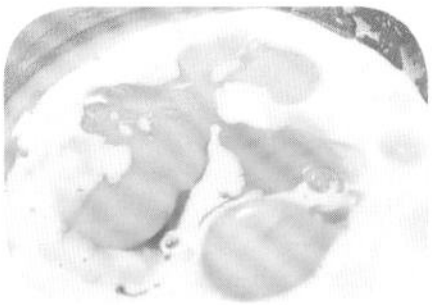

放入鸡蛋、牛奶搅拌均匀。

4

放入香蕉泥搅拌均匀。

5
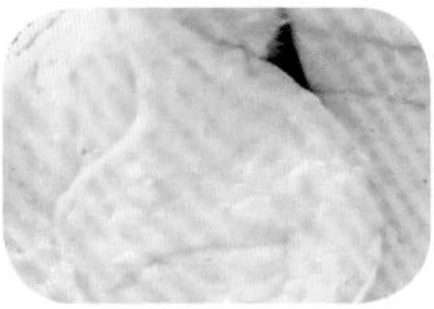

放入过筛的低筋面粉和泡打粉，搅拌均匀。

6

将纸杯放入烤盘中，然后倒入香蕉面糊至八分满。

7

放入预热好的烤箱中，用上下火 180℃烤 25 分钟左右即可。

草莓杏仁杯子蛋糕

食材

低筋面粉	120 克
黄油	75 克
细砂糖	50 克
鸡蛋	1 个
杏仁粉	25 克
泡打粉	3 克
盐	1 克
草莓果酱	50 克
杏仁片	20 克
草莓	50 克

制作过程

1

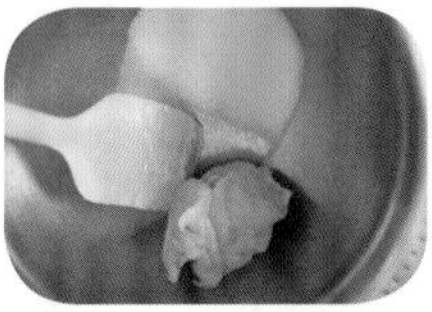

将软化好的黄油、细砂糖倒入盆中，用橡皮刮刀打发，打到颜色发白就可以了。

2

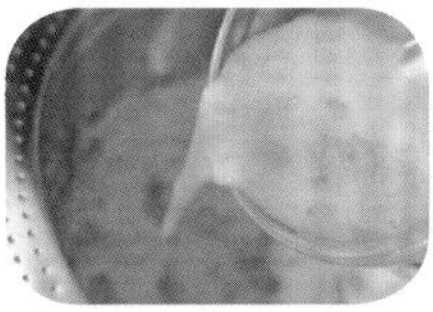

分 3 ~ 5 次把鸡蛋加进去，每次充分搅拌均匀之后再加下一次。

3

加入草莓果酱，搅拌均匀，再加入泡打粉、盐、低筋面粉、杏仁粉，搅拌均匀。

4

加入切好的草莓，用橡皮刮刀搅拌均匀。

5

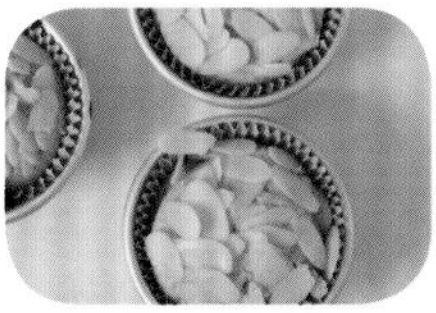

将以上做好的材料装入裱花袋，挤在杯子模具里，八九分满，在表面均匀地撒上一层杏仁片。

6

入烤箱以上火 180℃、下火 150℃烘烤约 28 分钟出炉，出炉之后放在网架上晾凉即可。

咖啡核桃杯子蛋糕

食材

黄油	50 克
细砂糖	50 克
鸡蛋	50 克
低筋面粉	100 克
泡打粉	1 克
苏打粉	1 克
盐	1 克
咖啡粉	10 克
牛奶	70 克
核桃仁	17 克
耐烘烤巧克力豆	50 克
糖粉	1 克

制作过程

1 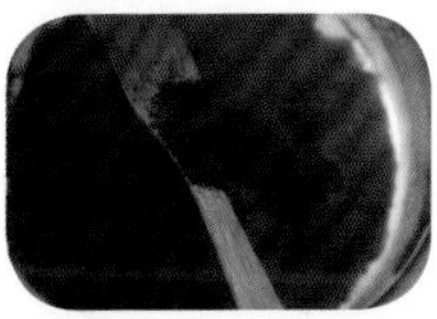

将咖啡粉倒进煮沸的牛奶中，煮 5 ~ 8 秒后离火晾凉，这样咖啡的香味就可以充分地散发出来。

2 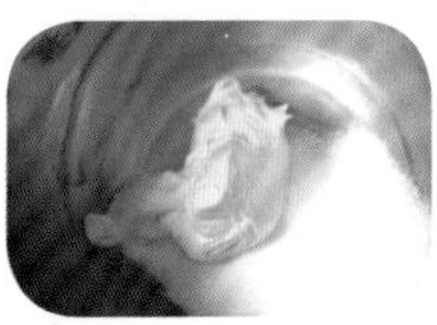

将软化好的黄油和细砂糖倒入盆里，用搅拌器打发，打到颜色发白。

3 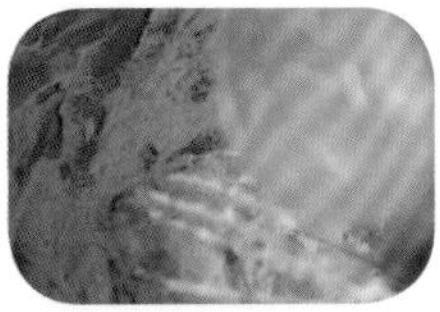

分 3 ~ 5 次加入鸡蛋，每次充分搅拌均匀之后再加下一次。

4 

用小的网筛把低筋面粉、泡打粉、盐、苏打粉筛进去，用橡皮刮刀拌匀；用细的网筛把煮好的咖啡牛奶过筛到面糊中，搅拌均匀。

5 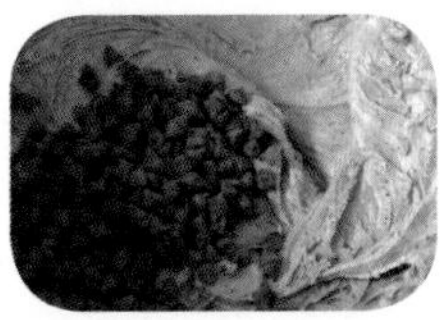

把耐烘烤巧克力豆加进去，搅拌均匀。

6 

将面糊装入裱花袋，挤在杯子模具里，八九分满即可，再把准备好的核桃仁放置在中间，入烤箱以上火 190℃、下火 150℃烘烤约 28 分钟，烤熟后放在网架上晾凉，完全冷却之后，在表面筛上一层薄薄的糖粉就可以食用了。

杏仁可可杯子蛋糕

小贴士

蛋糕上面可以根据自己的喜好装饰一些奶油、饼干。

食材

细砂糖	25 克
杏仁	40 克
可可粉	20 克
巧克力	50 克
低筋面粉	70 克
鸡蛋	1 个
泡打粉	1 克
黄油	70 克

制作过程

1

将鸡蛋磕入碗中，搅拌均匀。

2

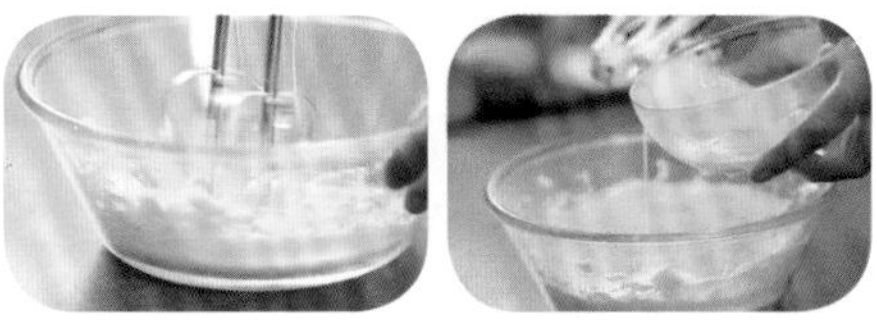

将黄油放入容器中，用打蛋器打至均匀；将蛋液分三次倒入黄油中，然后充分打匀至顺滑。

3

加入细砂糖，继续将黄油打发呈偏白色。

4

将低筋面粉、泡打粉筛到黄油中，再筛入可可粉，然后搅拌均匀。

5

将搅拌好的蛋糕糊倒入裱花袋中。

6

将烘焙油纸托放入模具中。

7

将蛋糕糊挤入油纸托中至八分满即可，再放入 1~2 块巧克力和杏仁。

8

放入预热好的烤箱中，上下火 175℃，烤 18 分钟，可口的杏仁可可蛋糕就做好了。

舒芙蕾

小贴士

将备好的基料与蛋清采用翻拌的手法拌匀。舒芙蕾烤好后应尽快食用，这时口感更佳。塔塔粉可用柠檬汁代替。

食材

低筋面粉	35 克
鸡蛋	4 个
牛奶	300 克
细砂糖	50 克
黄油	40 克
塔塔粉	1 克
香草精	3 克

制作过程

1

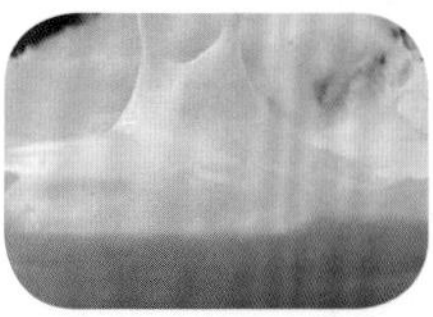

先将鸡蛋的蛋黄、蛋清分离，然后在蛋清中加入塔塔粉、细砂糖，打发成干性发泡。

2

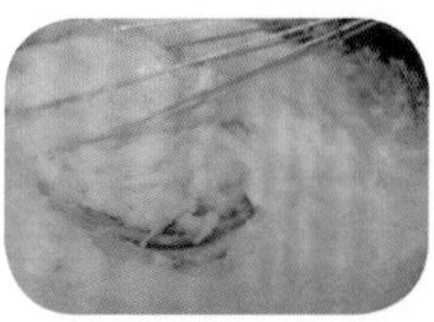

把黄油放入锅中隔水加热熔化，再放入牛奶和过筛的低筋面粉煮成黏稠的面糊。

3

面糊中加入香草精搅拌均匀。

4

将蛋黄加入面糊中，充分搅拌均匀。

5

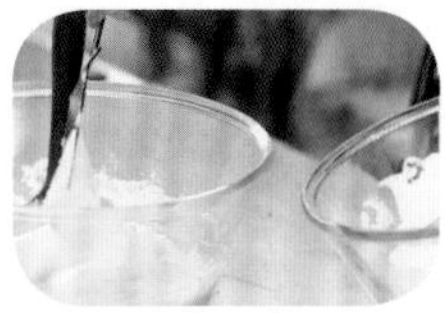

将打发好的蛋清分三次加入面糊中，并搅拌均匀。

6

在准备好的模具内壁和杯口处刷一层黄油，再粘满细砂糖。

7

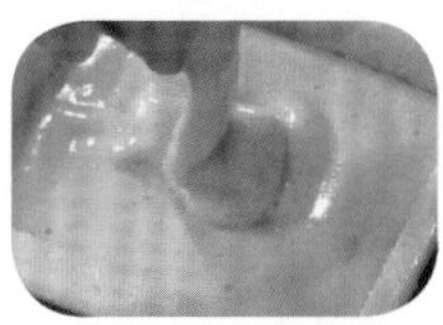

将面糊倒入模具中，倒八分满就可以了。

8

放入预热好的烤箱中，以上下火 180℃烤 15 分钟即可。

可可玛德琳

小贴士

制作过程中将所有粉类分别过筛，这样口感会更加细腻。

食材

低筋面粉	35 克
可可粉	15 克
泡打粉	2.5 克
巧克力	25 克
鸡蛋	1 个
香草精	1 克
蜂蜜	8 克
细砂糖	40 克
朗姆酒	25 克
黄油	60 克

制作过程

1 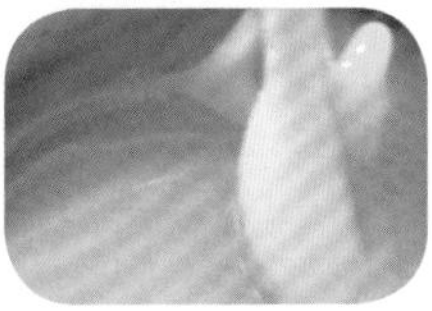

容器中倒入热水，将黄油隔水加热至完全熔化。

2 

将鸡蛋打散。

3 

筛入细砂糖、低筋面粉、泡打粉，加入蜂蜜、香草精搅拌均匀。

4 

筛入可可粉，搅拌均匀后倒入朗姆酒。

5 

将巧克力切碎，放入面糊中，充分搅拌至巧克力完全溶化。

6 

将巧克力糊倒入裱花袋中。

7 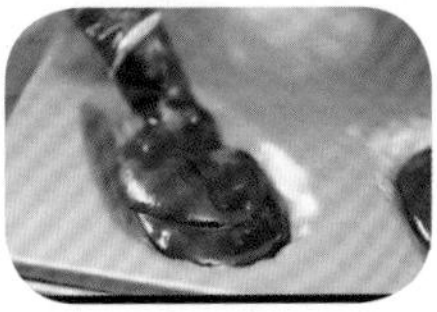

模具上先刷上薄薄的一层黄油，再将巧克力糊挤入模具中，八分满就可以了。

8 

将面糊放入预热好的烤箱中，以 180℃烤 15 分钟即可。

抹茶蜜豆蛋糕卷

小贴士

烘烤蛋糕坯的时候要根据烤箱的不同适当地调节烤箱温度，避免蛋糕烤得过干，影响制作效果。

食材

低筋面粉	80 克
植物油	20 克
盐	2 克
细砂糖 1	30 克
细砂糖 2	20 克
鸡蛋	2 个
牛奶	80 克
抹茶粉	20 克
淡奶油	100 克
蜜豆	100 克

制作过程

1

将鸡蛋的蛋清和蛋黄分离；蛋黄中加入细砂糖 1、植物油，打发至完全融合，再倒入牛奶搅拌均匀。

2

筛入低筋面粉、抹茶粉、盐搅拌均匀。

3

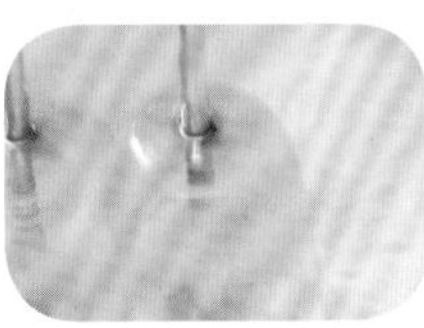

蛋清中放入细砂糖 2，打发成干性发泡状态（打发时要分三次加入细砂糖）。

4

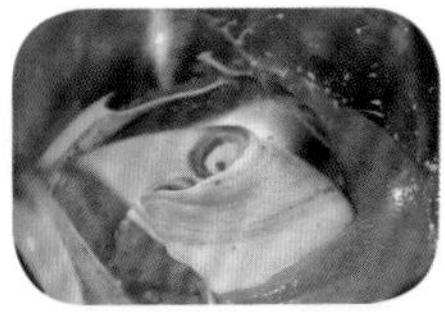

打发的蛋清和面糊混合并拌匀。

5

准备好的烤盘铺上烘焙纸，将混合好的蛋糕糊倒在烤盘中，刮平，放入预热好的烤箱中，用上下火 180℃，烤 10 分钟。

6

烤好的蛋糕取出，倒扣晾凉，然后切去蛋糕的角边。

7

将打发的淡奶油均匀地抹在蛋糕上。

8

撒上蜜豆，然后从蛋糕的一端慢慢卷起，放入冰箱冷藏 2 小时后切开食用。

蜜豆天使蛋糕卷

食材

低筋面粉	50 克
蛋清	167 克
细砂糖	67 克
塔塔粉	2 克
淡奶油	适量
蜜红豆	100 克

制作过程

1

将蛋清、细砂糖、塔塔粉放入容器中，慢速打化，再快速打至干性发泡。

2

加入低筋面粉，用刮板拌匀。

3

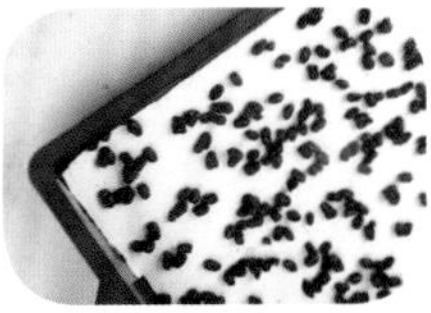

在烤盘中铺上油纸，撒上蜜红豆。

4

将“步骤 2”倒入“步骤 3”中，抹平，表层均匀地撒上蜜红豆。

5

入烤箱以上火 200℃、下火 120℃烘烤约 17 分钟。

6

将烤好冷却的蛋糕坯倒扣在油纸上，抹上打发的淡奶油，卷起后静置 20 分钟定型，食用时切块即可。

巧克力慕斯蛋糕

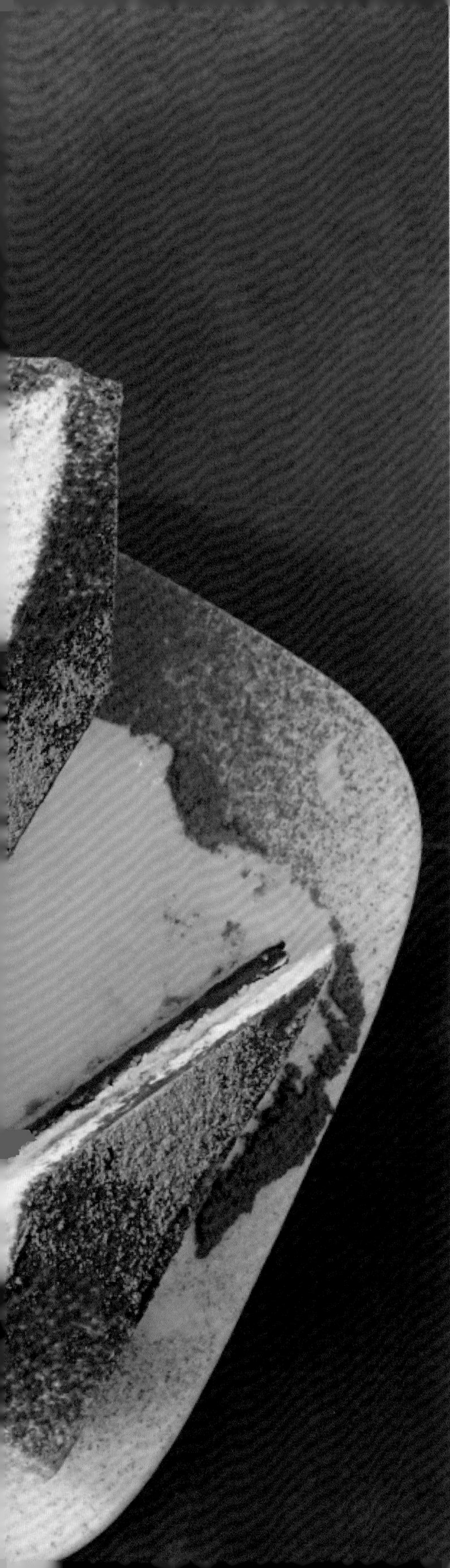

食材

蛋糕体：

低筋面粉	110克
细砂糖1	40克
抹茶粉	10克
细砂糖2	45克
鸡蛋1	4个
鸡蛋2	3个
淡奶油	180克
黄油	40克

巧克力慕斯馅料：

牛奶	280克
巧克力	130克
吉利丁粉	8克
水1	适量

朗姆酒糖浆：

水2	65克
朗姆酒	5克
细砂糖3	40克

制作过程

1

将鸡蛋1的蛋黄、蛋清分离。

2

蛋清中分三次加入细砂糖1，打发成干性发泡。

3

蛋黄中分三次加入细砂糖 2，打至颜色发白。

4

容器中注入热水，将黄油隔水熔化，再分三次倒入鸡蛋 2 中，并且搅拌均匀。

5

把蛋黄液和打发的蛋白混合在一起，并且翻拌均匀。

6

将低筋面粉筛入蛋糊中，搅拌均匀后倒入铺好烘焙纸的烤盘中，轻轻震出空气，放到预热好的烤箱中，以上下火 175℃烤 18 分钟。

7

锅置小火上，倒入牛奶，放入巧克力搅
至完全溶化后，倒入容器中。

8

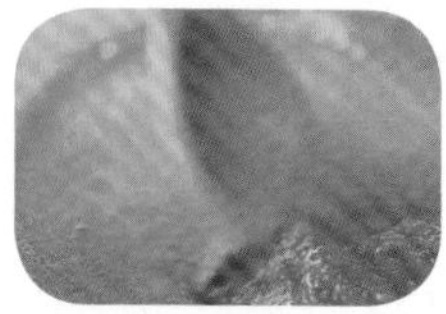

吉利丁粉放入水 1 中搅拌均匀后，倒入
克力糊搅拌均匀，盖上保鲜膜，放入冰
冷藏 30 分钟，制成巧克力慕斯馅料。

9

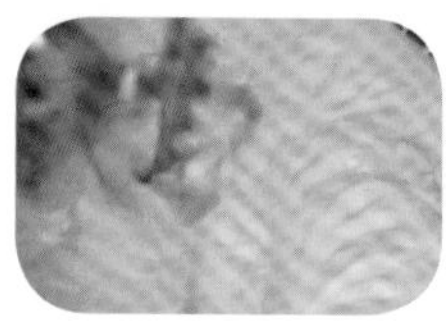

将淡奶油打发。

小贴士

将热的巧克力混合物倒入打好的蛋黄中时，一定要边倒入边快速地搅拌，以免把蛋黄烫熟产生颗粒，影响蛋糕的细腻程度和口感。

10

将烤好的蛋糕表面的皮去掉。

11

将蛋糕分成两层。

12

水 2 中加入朗姆酒和细砂糖 3，搅拌均匀制成朗姆酒糖浆。

13
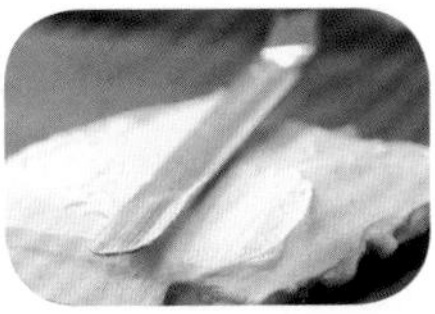

在第一层蛋糕上面先刷一层朗姆酒糖浆，再抹一层巧克力慕斯馅料，接着在第二层蛋糕上刷一层朗姆酒糖浆，再涂一层淡奶油。

14

将蛋糕切成正方形。

15

找来一片叶子（图案可根据个人喜好更换）铺在蛋糕上，然后撒上抹茶粉，再将叶子拿开，漂亮的巧克力慕斯蛋糕就做好了。

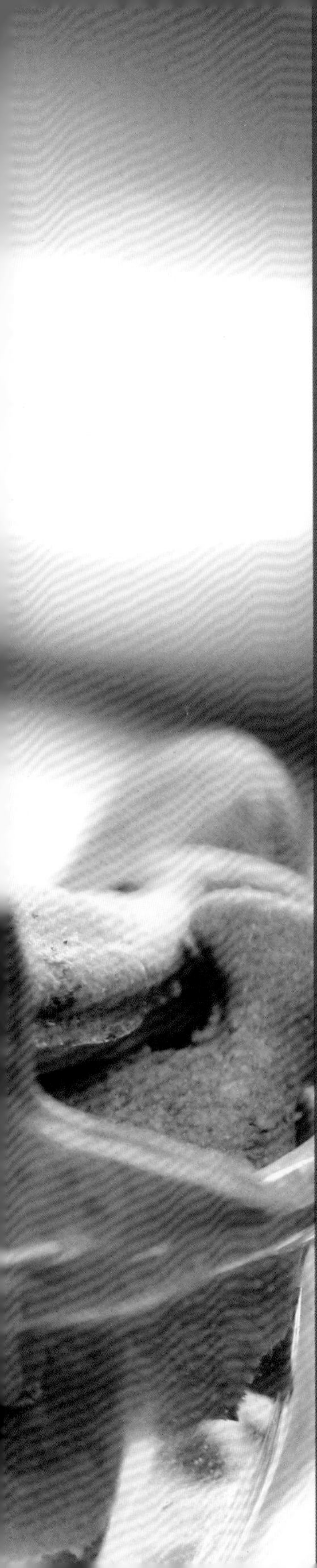

幸福饼干

奶油曲奇饼干

小贴士

曲奇饼干要用低筋面粉，而且黄油不要过度打发，这样能够使曲奇的花纹更加清晰漂亮。

食材

低筋面粉	500 克
黄油	200 克
糖粉	150 克
鸡蛋	1 个

制作过程

1 

将黄油切成小块，放入金属容器中。

2 

将金属容器泡入沸水中，隔水熔化黄油。

3 

将糖粉过筛，然后加入黄油搅拌均匀。

4 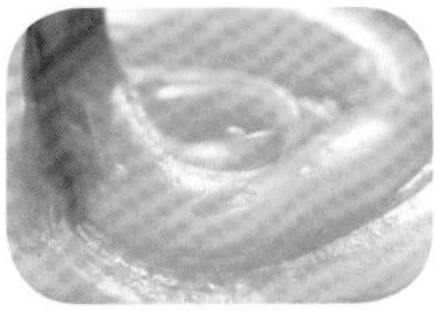

将鸡蛋的蛋黄、蛋清分离；“步骤 3”加入蛋清搅拌均匀，然后加入蛋黄继续搅拌至糖浆黏稠有韧性。

5 

将低筋面粉筛入搅拌好的蛋糊中，然后用硅胶铲继续搅拌均匀。

6 

将搅匀的面糊放入裱花袋中，然后挤到不粘烤盘上。

7 

将烤箱预热，然后将烤盘放入烤箱，上火 180℃、下火 160℃，烤制 20 分钟即可。

芝麻薄脆饼干

食材

低筋面粉	40 克
鸡蛋	1 个
细砂糖	70 克
白芝麻	80 克
黄油	40 克

制作过程

1 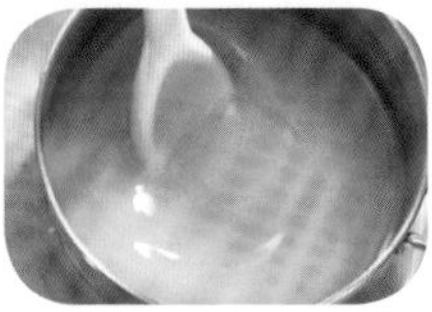

容器中倒入热水，将黄油隔水加热熔化。

2 

鸡蛋取蛋清，然后打散。

3 

放入细砂糖，充分搅拌至糖完全溶化 。

4 

筛入低筋面粉，倒入白芝麻搅拌均匀。

5 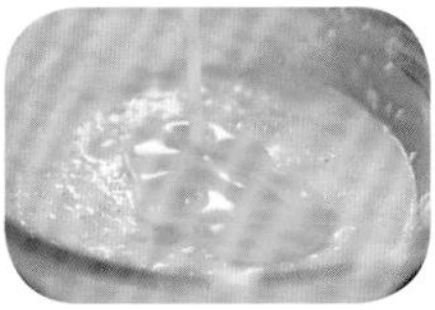

倒入熔化的黄油，搅拌均匀。

6 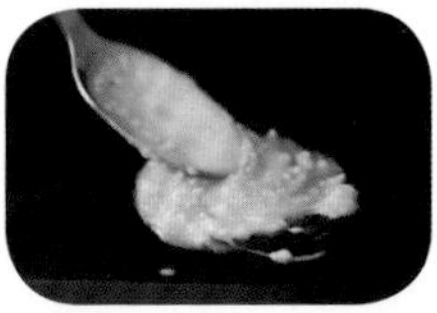

取面糊平摊在抹好黄油的烤盘上。

7 

放入预热好的烤箱中，上下火 180℃，烤 12 分钟左右即可。

小贴士

根据各人的口味决定放入糖的量；根据自家的烤箱设置大概的温度，注意控制烘烤的时间，以免烤煳。

海苔饼干

小贴士

注意烘烤的时间，根据各人的口味决定放入海苔的量。

食材

低筋面粉	100 克
海苔	2 克
小苏打	1 克
酵母粉	1 克
盐	2 克
抹茶粉	2 克
植物油	25 克
水	35 克

制作过程

1

将低筋面粉过筛到容器中。

2

放入海苔、酵母粉、盐、小苏打。

3

放入抹茶粉，搅拌均匀。

4

倒入植物油、水，用硅胶铲搅拌均匀。

5

将面团盖上保鲜膜，醒发 20 分钟。

6

把面团擀成 3 ~ 5 毫米厚的面片。

7
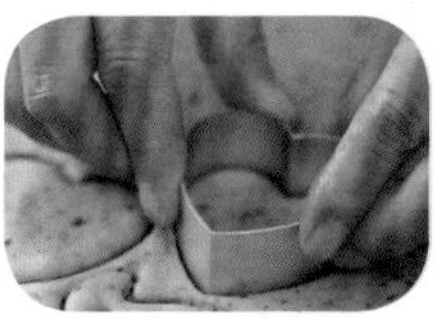

用饼干模型压制成造型各异的饼干坯。

8

将饼干坯摆放到烤盘上，放入预热好的烤箱中，以上下火 180℃烤 20 分钟即可。

消化饼干

食材

全麦粉	85 克
低筋面粉	65 克
细砂糖	10 克
红糖	30 克
鸡蛋	1 个
泡打粉	1 克
黄油	65 克
植物油	适量

制作过程

1 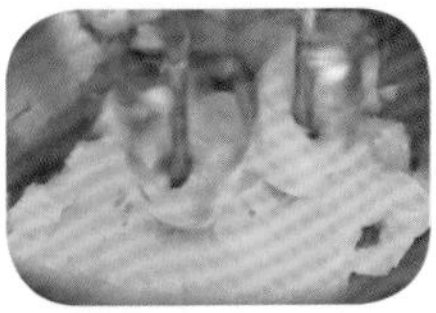

将黄油放入容器中打发至颜色发白。

2 

鸡蛋打至黏稠，倒入黄油中混合均匀。

3 

放入过筛的细砂糖、红糖、泡打粉、低筋面粉、全麦粉，搅拌均匀。

4 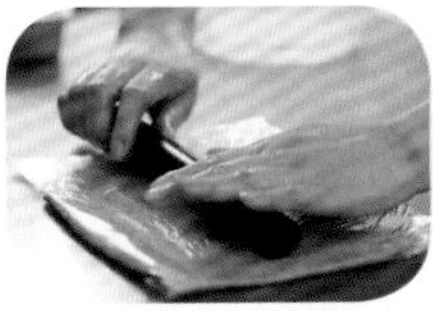

将面团放在保鲜膜中，擀压成 3 ~ 5 毫米厚的长方形面饼。

5 

将烘焙纸铺在烤盘上，刷上一层植物油。

6 

将擀好的面片铺在烘焙纸上，然后切成数个均匀的小长方形。

7 

用叉子在面片上扎数个小孔，然后放入预热好的烤箱中，以上下火 160℃烤 15 分钟即可。

小贴士

山楂有助消化的功效，喜欢的朋友也可以放些山楂粉，这样做出来的饼干酸甜可口。

蘑菇饼干

小贴士

漂亮的蘑菇形状是小朋友的最爱，给小朋友食用时可选用奶油巧克力代替可可粉。

食材

低筋面粉 1	120 克
低筋面粉 2	100 克
黄油	100 克
糖粉	60 克
泡打粉 1	1 克
泡打粉 2	1 克
鸡蛋	1 个
可可粉	20 克

制作过程

1

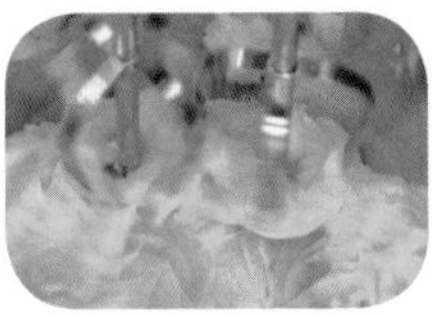

将室温软化的黄油打发至细腻顺滑。

2

筛入糖粉，再将搅匀的鸡蛋分三次加入并搅拌均匀。

3

将打好的黄油糊分成两份，其中一份筛入低筋面粉 1、泡打粉 1，然后搅拌均匀成黄油面团。

4

另一份筛入低筋面粉 2、可可粉、泡打粉 2，然后搅拌均匀。

5

可可面团分成均匀的若干个小面团，然后将小面团分别放在铺好烘焙纸的烤盘上，做成蘑菇头的样子。

6

将黄油面团分成均匀的若干份，做成蘑菇腿的形状，放在蘑菇头的下面。

7

取黄油面团来做蘑菇上的小点点。

8

将做好的饼干坯放入预热好的烤箱中，以上下火 180℃烤 15 分钟即可。

蔓越莓饼干

食材

低筋面粉	115 克
蔓越莓干	35 克
糖粉	50 克
鸡蛋	1 个
黄油	75 克

制作过程

1

将蔓越莓干切碎。

2

将室温软化的黄油放入碗中，筛入糖粉搅拌均匀。

3

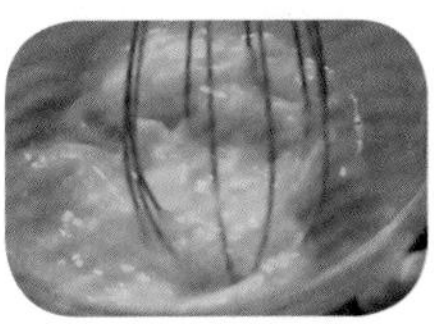

鸡蛋放入容器中打散。

4

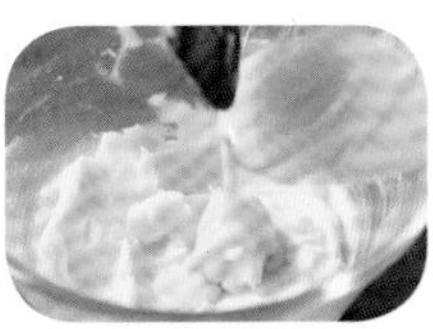

打好的蛋液倒入黄油糊中，搅拌均匀。

5

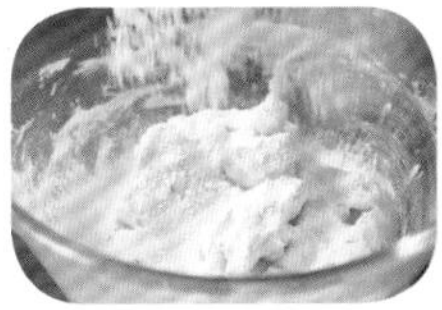

筛入低筋面粉，搅拌均匀。

6

放入蔓越莓碎，搅拌均匀后，放到铺好的烘焙纸上，整理成长方体，放入冰箱冷藏 2 ~ 3 小时。

7

把冷藏好的饼干坯切成 0.5 厘米厚的片，摆在铺好烘焙纸的烤盘上。

8

放入预热好的烤箱，上下火 170℃，烤 20 分钟即可。

小贴士

酸甜可口的蔓越莓干提升了饼干的口感。注意烤制的时间要根据自家烤箱的特点随时调节。

手指饼干

食材

鸡蛋	2 个
低筋面粉	50 克
细砂糖 1	30 克
细砂糖 2	20 克
黄油	适量

制作过程

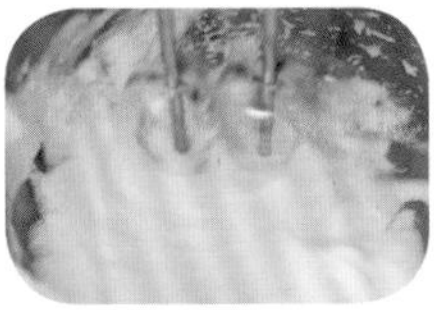

1 将鸡蛋的蛋黄、蛋清分离；鸡蛋清放到容器中打发，在打发的过程中分三次加入细砂糖 1。

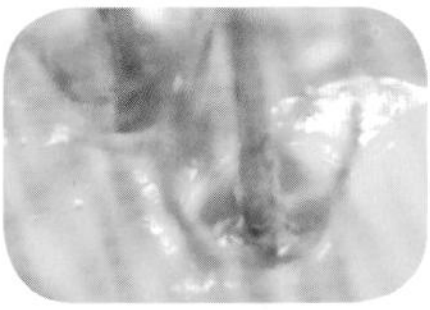

2 打发蛋黄，在打发的过程中加入细砂糖 2。

3 打发的蛋黄和打发的蛋清混合搅拌均匀。

4 分四次筛入低筋面粉。

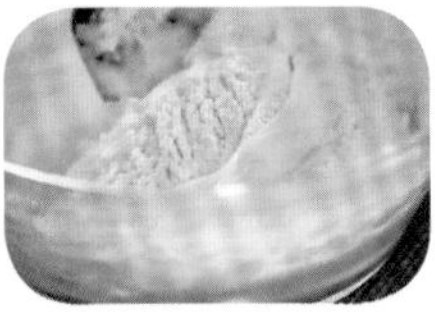

5 将面粉和蛋液搅拌均匀。

6 搅拌好的面糊倒入裱花袋中。

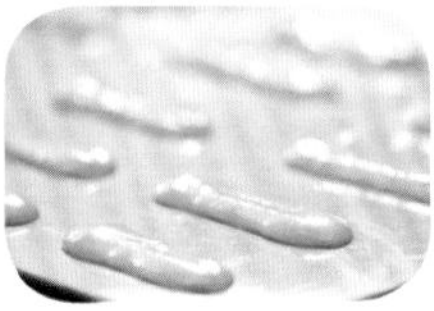

7 将面糊挤到抹好黄油的烤盘上，挤成手指的形状，放入预热好的烤箱中，上下火 180℃，烤 18 分钟左右即可。

小贴士

搅拌面糊时要用翻拌的手法，手指饼干烤至表面呈微黄色就可以取出晾凉食用了。

玛格丽特饼干

食材

低筋面粉	100 克
黄油	100 克
糖粉	50 克
鸡蛋	2 个
玉米淀粉	100 克

制作过程

1

将室温软化的黄油打发至颜色发白。

2

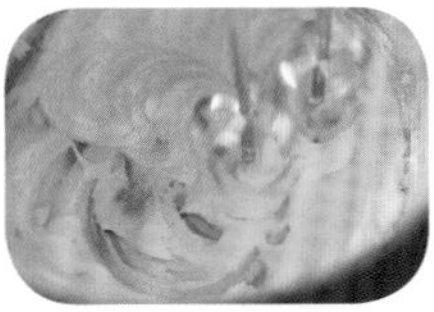

筛入糖粉，搅拌均匀。

3

煮熟的鸡蛋取蛋黄，将蛋黄擀压成细末。

4

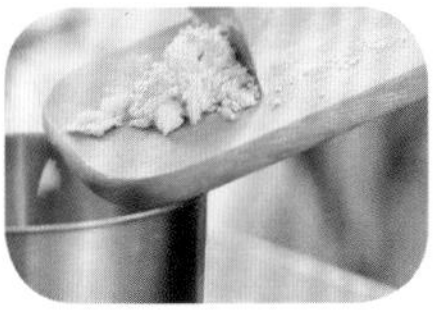

蛋黄与打发的黄油混合搅拌均匀。

5

筛入低筋面粉和玉米淀粉，搅拌均匀。

6

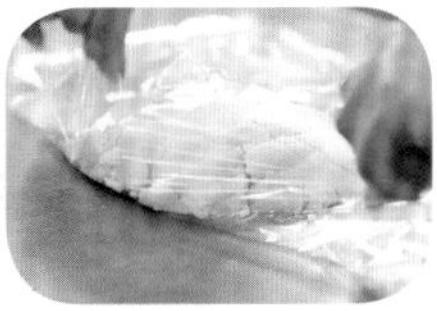

拌好的面团用保鲜膜包好，放入冰箱冷藏 30 分钟。

7

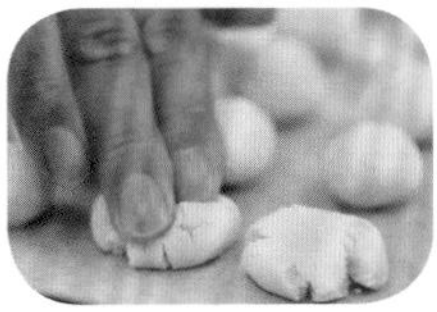

将冷藏好的面团取出后搓成拇指大小的小圆球，放到铺好烘焙纸的烤盘上，然后食指中指并紧，用指肚按压小球。

8

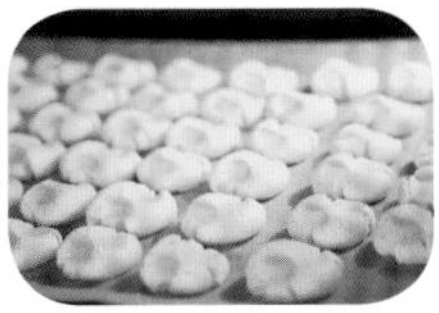

放入预热好的烤箱，上下火 160℃，烤 18 分钟即可。

小贴士

黄油、低筋面粉、玉米淀粉一定要按照 1 ： 1 ： 1 的比例，这样揉出来的面团既不会太干也不会太软；如果不喜欢太甜，可以少放些糖粉。

提子饼干

小贴士

不喜欢吃太甜可以少放细砂糖，因为提子中也含有糖分；注意烤制的时间，烤至表面微黄即可。

食材

低筋面粉	160 克
盐	2 克
细砂糖	55 克
泡打粉	2 克
黄油	70 克
提子干	50 克
鸡蛋	1 个

制作过程

1

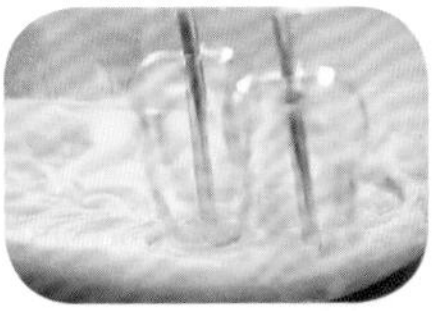

容器中放入室温软化的黄油，稍加搅拌，再分三次加入细砂糖，打发黄油至颜色发白。

2

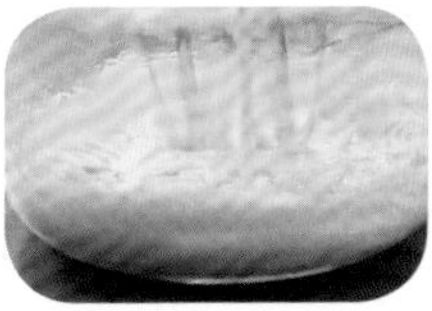

将搅拌好的鸡蛋分三次加入黄油中，并且搅拌均匀。

3

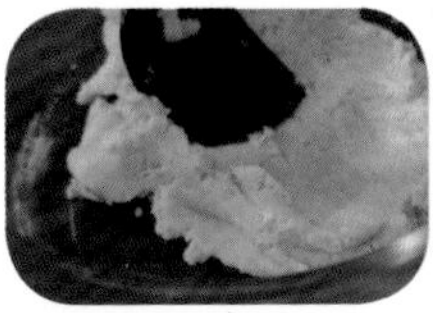

低筋面粉中加入盐、泡打粉搅拌均匀，过筛到蛋糊中搅拌均匀。

4

将搅拌好的面团擀压成 0.5 厘米厚的面饼。

5

将提子干切碎，再均匀地撒在面饼上，然后用擀面杖将其擀平。

6

将面饼折叠成三层，然后将其擀平。

7

将面饼整理成长方形后，切成大小均匀的数个小长方形。

8

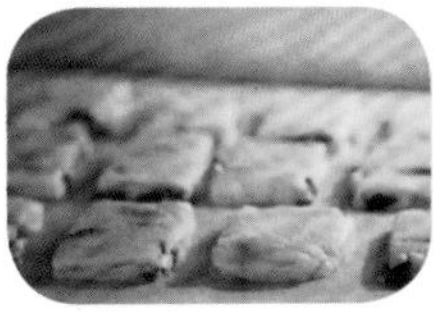

切好的饼干坯放到铺好烘焙纸的烤盘上，放入预热好的烤箱中，用上下火 180℃烤 15 分钟即可。

奶油杏仁
小圆饼

食材

黄油	125 克
细砂糖	50 克
蛋黄	20 克
盐	2 克
低筋面粉	120 克
杏仁粉	80 克
泡打粉	1 克

制作过程

1

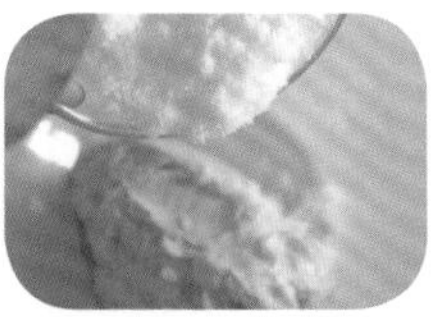

将黄油、细砂糖、盐、泡打粉倒进一个大碗中，用搅拌器打至微发。

2

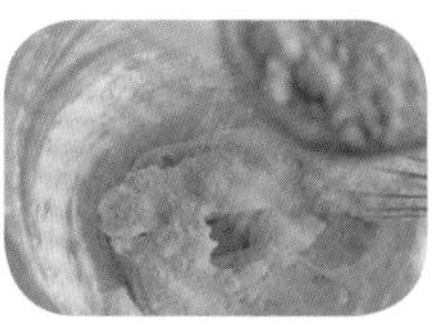

加入蛋黄，充分搅拌均匀，再用网筛筛入杏仁粉。

3

加入过筛的低筋面粉，用刮刀搅拌均匀成面团。

4

将拌好的面团用擀面杖擀成约 1 厘米厚的面饼，然后用直径 5 厘米的圆形压模压出小圆饼。

5

将压出的小圆饼均匀地摆放在烤盘中，在表面刷上蛋黄液，然后用叉子在上面划出条纹。

6

放入烤箱中，以上火 170℃、下火 150℃烘烤 16 分钟左右，待表面呈金黄色就可以出炉了。

黑白双色饼干

食材

中筋面粉	200 克
可可粉	适量
蛋清	20 克
细砂糖	80 克
盐	1 克
黄油	130 克
香草精	1 滴

制作过程

1

将黄油和细砂糖混合搅拌约 5 分钟，再加入蛋清混合均匀。

2
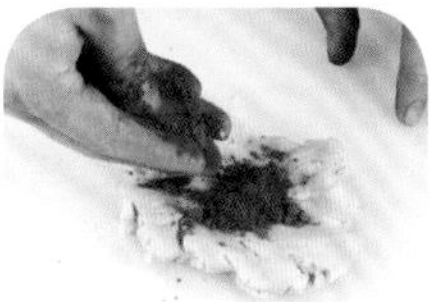

加入中筋面粉、盐、香草精，用手搅拌均匀成饼干料（注意不可以长时间搅拌以避免粉料上劲）；取出一半的饼干料，加入可可粉搅拌成棕色。

3

分别将白色和棕色的面团擀成长方形面片。

4
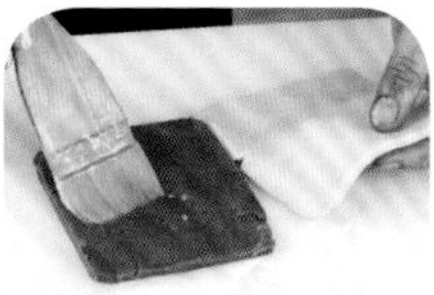

将两片面片分别刷上一层蛋液，并将刷有蛋液的一面粘在一起。

5

将粘好的面片卷成直径约为 5 厘米的圆柱形，放入冰箱冷冻。

6

冷冻后切片，摆在烤盘上，放入烤箱中，用 180℃的炉温烘烤 12 分钟即成。

米老鼠饼干

食材

中筋面粉	200 克
蛋清	20 克
细砂糖	80 克
盐	2 克
黄油	130 克
香草精	2 滴
巧克力	20 克

制作过程

1 

将黄油和细砂糖混合搅拌约 5 分钟，再加入蛋清、香草精混合均匀。

2 

加入过筛的中筋面粉、盐，用手搅拌均匀成饼干料，注意不可以长时间搅拌，以避免粉料上劲。

3 

将饼干料擀成约 0.5 厘米厚的面片。

4 

用模具按压成米老鼠形状的饼干坯。

5 

将饼干坯整齐地放在烤盘上，放入烤箱中，用 170℃的炉温烘烤 12 分钟后取出。

6 

将巧克力隔水熔化，装入裱花袋，简单装饰饼干表面即可。

巧克力核桃棒

食材

中筋面粉	400 克
黄油	250 克
核桃碎	150 克
黑巧克力碎	120 克
鸡蛋	2 个
泡打粉	5 克
苏打粉	3 克
盐	3 克
细砂糖	200 克
香草精	3 滴
白巧克力	10 克

制作过程

1. 将中筋面粉、泡打粉、苏打粉混拌均匀，再过细筛成粉料。

2. 将黄油、细砂糖、盐放入容器中，混合搅拌 5 分钟，加入鸡蛋、香草精调匀。

3. 放入粉料。

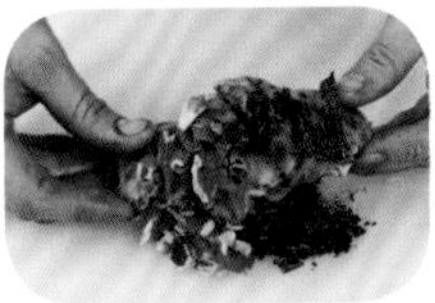

4. 加入黑巧克力碎和核桃碎，充分搅拌均匀成饼干粉团。

5. 将饼干粉团揉搓成直径约 2 厘米的长条，再切成每个约 10 厘米长的饼干段。

6. 将饼干段整齐地摆在烤盘上，用 180℃的炉温烘烤 12 分钟，取出晾凉，在饼干表面挤上少许熔化的白巧克力即成。

香浓咖啡曲奇

食材

低筋面粉	175 克
即溶咖啡粉	15 克
黄油	120 克
糖粉	100 克
蛋黄	15 克
盐	1 克

制作过程

1 

将黄油、盐、糖粉倒入一个大碗中，用搅拌器打发。

2 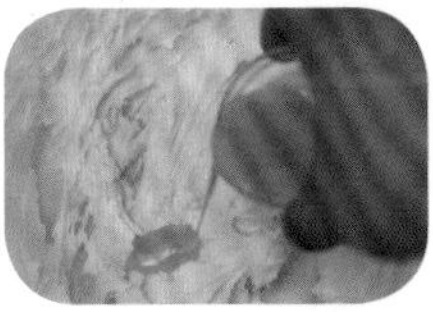

加入蛋黄，充分搅拌均匀。

3 

加入过筛的低筋面粉、即溶咖啡粉，搅拌成面团。

4 

将面团擀成约 0.3 厘米厚的面片。

5 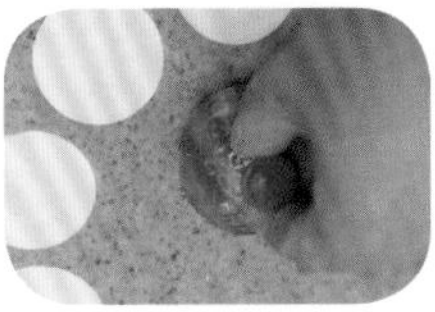

将面片用压模压出形状成饼干坯。

6 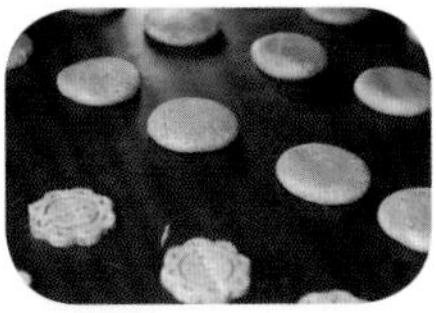

将饼干坯均匀地摆放在烤盘中，以上火 180℃、下火 160℃烘烤 18 分钟，出锅即成。

黑巧克力碎饼干

食材

中筋面粉	250 克
黄油	135 克
黑巧克力碎	100 克
鸡蛋	1 个
苏打粉	5 克
细砂糖	150 克
盐	2 克

制作过程

1

将中筋面粉、苏打粉放入容器中拌匀，过细筛成粉料，加入熔化的黄油搅拌均匀，加入鸡蛋搅拌。

2

加入细砂糖和盐，混合搅拌 5 分钟。

3

加入黑巧克力碎，充分搅匀成饼干面团，将饼干面团揉搓后稍醒。

4
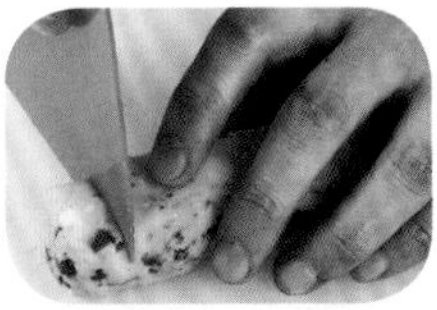

将面团先搓成直径约 4 厘米的长条，再切成每个约 15 克的小面剂。

5

将面剂揉成圆形，表面粘上少许耐烘烤巧克力碎，整齐地摆在烤盘上。

6

将烤盘放入烤箱中，用 170℃的炉温烘烤 15 分钟至金黄酥脆，取出晾凉，装盘上桌即可。

杏仁蓝莓曲奇

食材

黄油	80 克
糖粉	50 克
蛋黄	35 克
低筋面粉	110 克
蛋清	5 克
杏仁碎	70 克
蓝莓果酱	70 克

制作过程

1

将糖粉和软化好的黄油倒在一个大碗中，用搅拌器搅至微发的状态。

2

将蛋黄加入“步骤 1”的材料中，搅拌均匀，加入过筛的低筋面粉，用橡皮刮刀拌成团，再用保鲜膜包起来，放进冰箱冷藏 10 分钟左右。

3

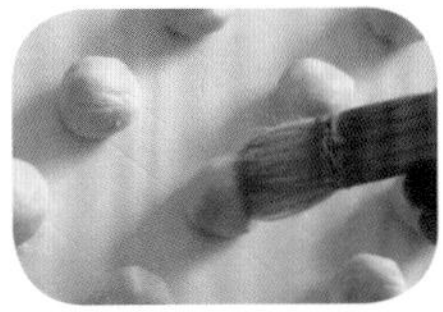

在桌面上撒上少许面粉，取出面团揉成直径约 2.5 厘米的长条，用切面刀分成一个一个的小剂子，揉成圆，用小毛刷在表面刷上一层薄薄的蛋清。

4

将面团粘上杏仁碎，摆放在烤盘上。

5

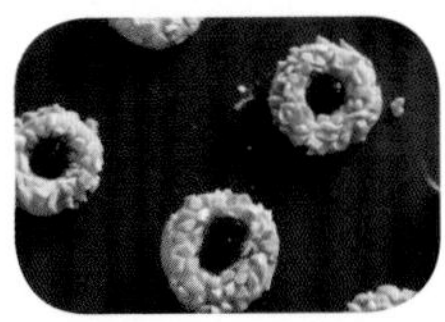

用手指在面团中间按压一下，在中间挤上蓝莓果酱。

6

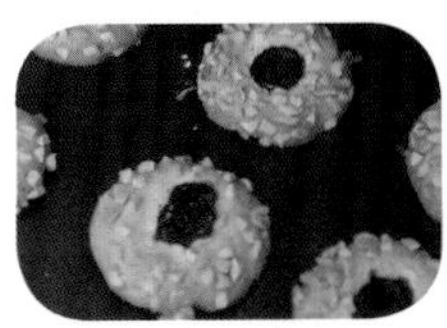

将烤盘放入烤箱中，以上火 180℃、下火 150℃烘烤 15 分钟，表面呈金黄色就可以出炉了。

覆盆子马卡龙

食材

蛋清	55 克
蛋白粉	1 克
细砂糖	25 克
糖粉	90 克
杏仁粉	50 克
红色素	适量
覆盆子果酱	适量

制作过程

1
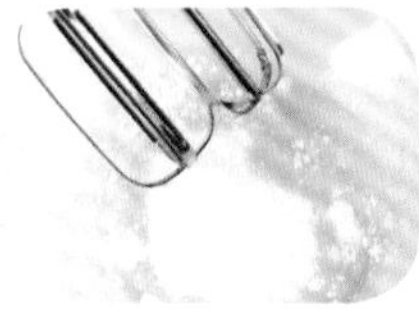

将糖粉、杏仁粉过筛混合备用；蛋清、蛋白粉放入盆中，高速搅拌至发泡。

2
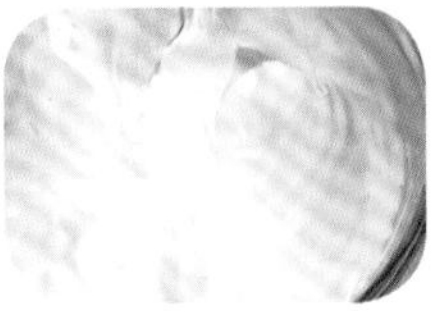

在打发蛋清和蛋白粉的过程中，分三次加入细砂糖，继续搅拌至蛋白糖粉充分发泡，呈尖峰状。

3

将“步骤 1”倒入“步骤 2”材料中，用刮刀轻轻混合，再加入红色素，使面糊呈柔软的状态。

4
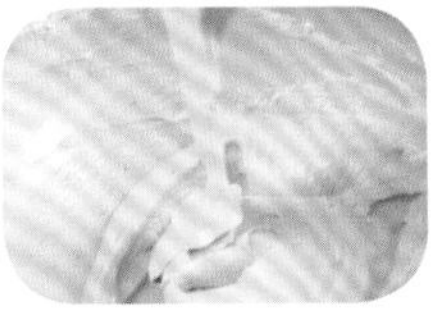

以压拌式混合面糊，直至面糊呈黏稠、细滑又有光泽的状态。

5

将面糊装入装有直径 1 厘米圆形裱花嘴的裱花袋中，在铺有高温布的烤盘内均匀地挤成圆形。

6

入烤箱，以上火 170℃、下火 120℃烘烤 10 分钟，待“裙边”出现后，将温度改至上火 120℃、下火 170℃烘烤 8 分钟；将两片烤好的制品中间夹入覆盆子果酱，马卡龙就做好了。

焦糖香蕉饼干

食材

中筋面粉	190 克
干香蕉碎	50 克
盐	1 克
细砂糖	95 克
鸡蛋	1 个
黄油	115 克
香草精	少许
水	10 克

制作过程

1 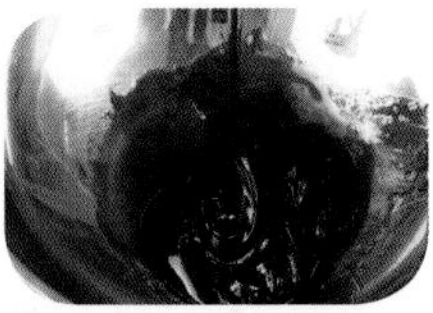

将 50 克的细砂糖加入水煮成焦糖，晾凉后将焦糖片敲成小碎片。

2 

将黄油和剩余的细砂糖、香草精混合搅拌约 5 分钟，再加入鸡蛋混合搅拌均匀。

3 

加入过筛的中筋面粉、盐，用手搅拌均匀成饼干料，注意不可以长时间搅拌，以避免粉料上劲。

4 

加入干香蕉碎和焦糖碎，搅拌均匀备用。

5 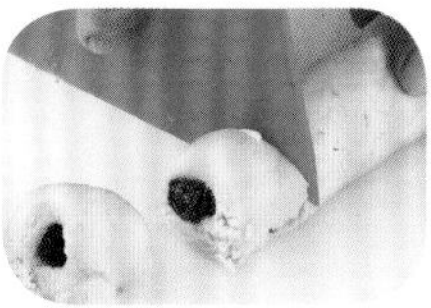

将饼干料搓成直径约 4 厘米的长棍形状，切成每个约 15 克的小面团。

6 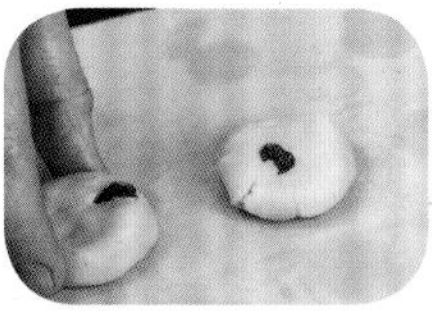

将面团压扁，整齐地摆放在烤盘上，放入烤箱中，用 180℃的炉温烘烤 12 分钟，取出即成。

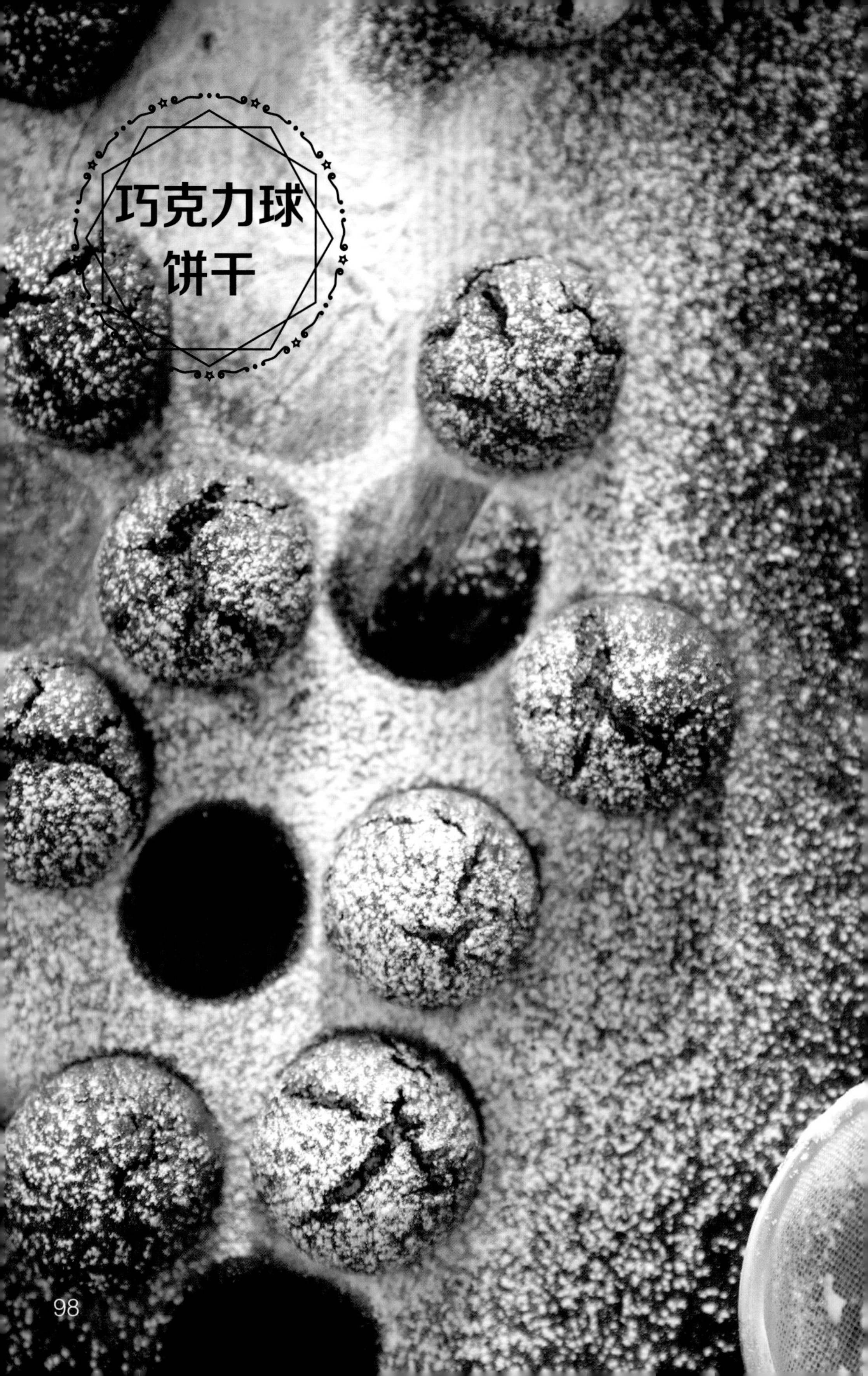
巧克力球
饼干

食材

黄油	80 克
糖粉	80 克
鸡蛋	2 个
杏仁粉	50 克
低筋面粉	100 克
可可粉	30 克

制作过程

1 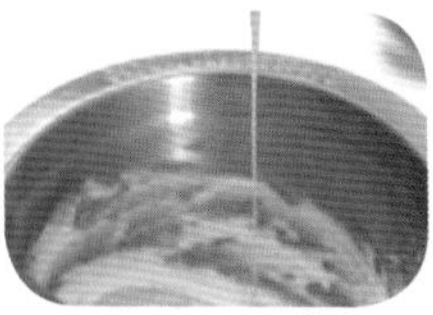

将软化好的黄油加入糖粉，搅拌均匀，分三次加入搅拌好的鸡蛋，充分搅拌均匀。

2 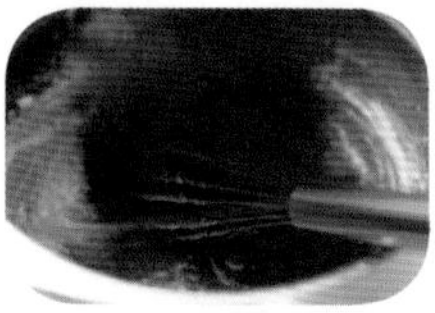

把过筛的可可粉加到“步骤 1”的材料中，轻轻拌匀。

3 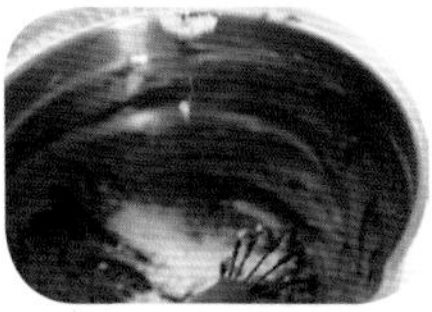

加入过筛的杏仁粉，拌匀。

4 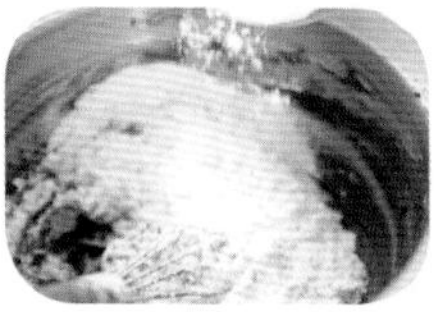

加入过筛的低筋面粉，用橡皮刮刀拌成面团。

5 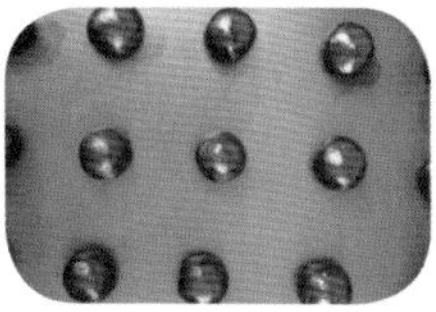

将面团分成约 20 克一个的小剂子，滚圆，均匀地摆放在烤盘中，入烤箱以上火 180℃、下火 150℃烘烤 28 分钟，看表面无明显光泽的时候即可出炉。

6 

待完全冷透，在表面撒上糖粉即可。

美国提子饼干

食材

中筋面粉	300 克
提子干	60 克
细砂糖	85 克
盐	2 克
蛋黄	60 克
黄油	185 克
白兰地酒	适量

制作过程

1

将提子干用白兰地酒浸泡 24 小时；将软化的黄油和细砂糖混合搅拌约 5 分钟，再加入蛋黄混合均匀。

2

加入过筛的中筋面粉、盐，用手搅拌均匀成面团，注意不可以长时间搅拌，以避免粉料上劲。

3

面团中加入浸泡后的提子干搅拌均匀成饼干料。

4

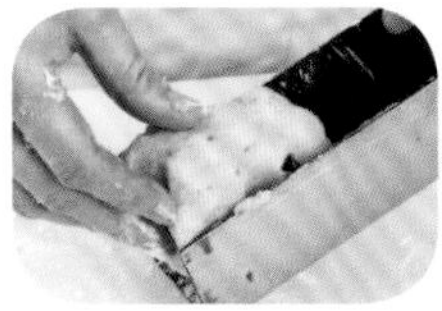

取长方形模具，撒上少许面粉，将饼干料平铺在盒子里，放入冰箱冷冻 2 小时。

5

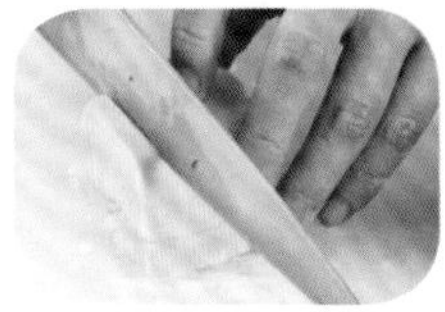

取出饼干料，切成正方形的小块。

6

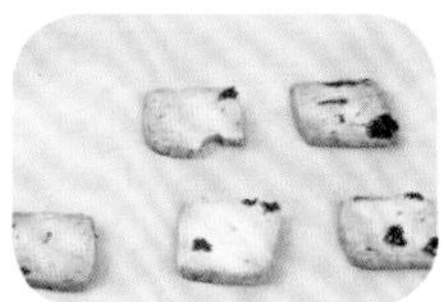

将饼干坯整齐地摆放在烤盘上，放入烤箱中，以 180℃的炉温烘烤 12 分钟，取出即成。

小酥饼

食材

细砂糖	30 克
黄油	23 克
牛奶	10 克
蛋清	12 克
高筋面粉	30 克
黑芝麻	适量

制作过程

1 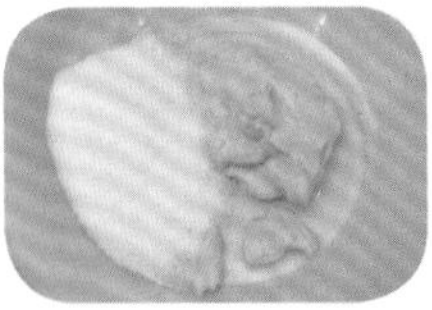

将黄油和细砂糖放置在大碗中，拌匀。

2 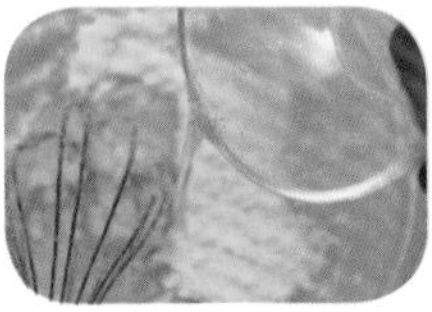

加入蛋清，充分搅拌均匀。

3 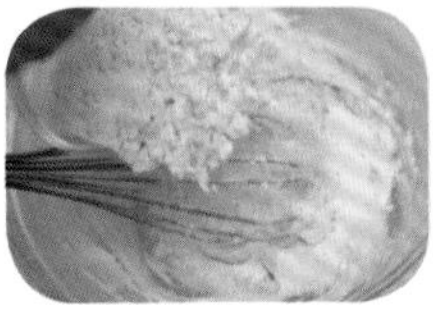

加入过筛的高筋面粉。

4 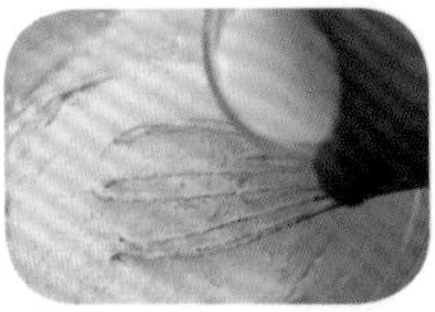

加入牛奶，充分搅拌均匀成面糊。

5 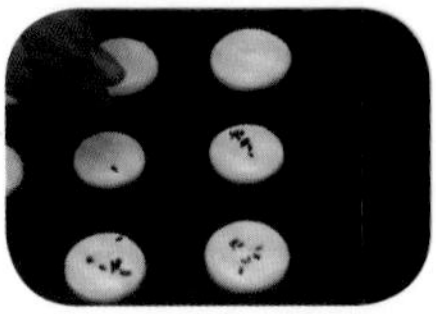

将面糊装入裱花袋，均匀地挤在烤盘上，为 1 元硬币左右大小，挤好后轻震几下烤盘，然后在面糊上面撒上黑芝麻。

6 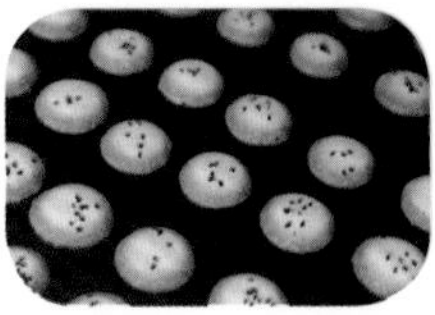

入烤箱以上火 180℃、下火 160℃烘烤至中间微黄、边缘金黄后出炉。

咸味核桃饼干

食材

中筋面粉	115 克
核桃碎	100 克
盐	5 克
鸡蛋	1 个
黄油	100 克

制作过程

1

将黄油、盐和中筋面粉混合搅拌约 5 分钟。

2

加入核桃碎和搅拌好的鸡蛋混合搅拌均匀。

3

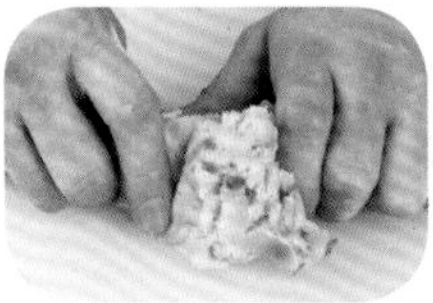

揉搓面团，使食材充分混合。

4

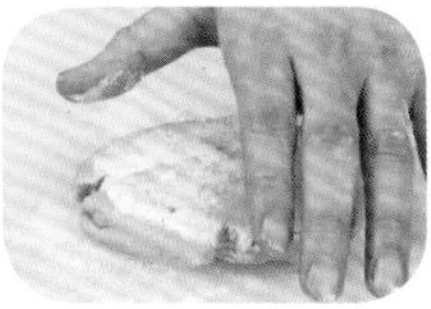

将饼干料擀成约 0.5 厘米厚的面片。

5

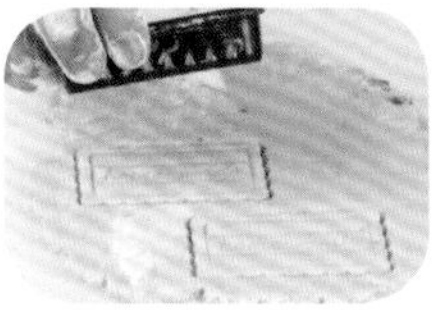

用模具压成长方形印花图案。

6

将饼干坯整齐地放在烤盘上，放入烤箱中，以 170℃的炉温烘烤 15 分钟，取出即成。

奶油芝士饼干

食材

中筋面粉	150 克
白巧克力碎	100 克
奶油奶酪	225 克
苏打粉	3 克
鸡蛋	1 个
细砂糖	75 克
盐	1 克
黄油	50 克

制作过程

1
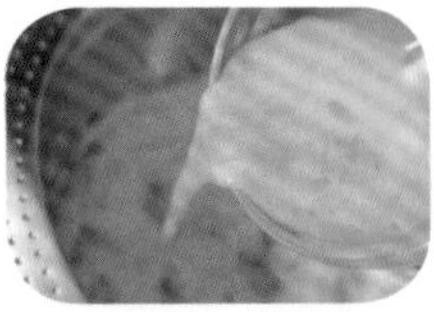

将黄油和细砂糖混合搅拌约 5 分钟，再加入鸡蛋搅拌均匀。

2

加入过筛的中筋面粉、盐、苏打粉，搅拌均匀成饼干料，注意不可以长时间搅拌，以避免粉料上劲。

3

加入奶油奶酪和白巧克力碎揉匀。

4
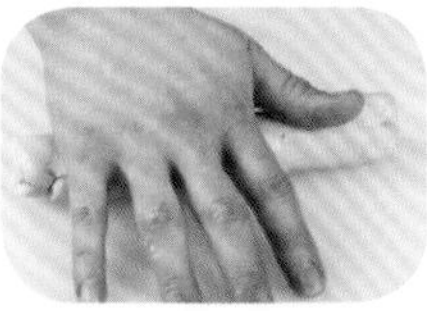

将饼干料搓成直径约 4 厘米的长棍形状，放入冰箱冷冻 2 小时。

5

取出切成约 0.5 厘米厚的圆片，摆放在烤盘上。

6
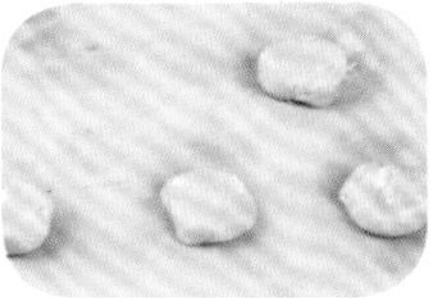

将烤盘放入烤箱，用 180℃的炉温烘烤 12 分钟即成。

奶油小饼

食材

A:

中筋面粉	60 克
杏仁粉	30 克
糖粉	40 克
蛋清	65 克
细砂糖	25 克
抹茶粉	6 克

B:

黄油	55 克
淡奶油	25 克
糖粉	15 克

制作过程

1
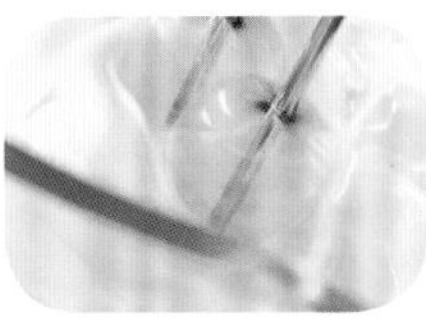

打发蛋清，在打发的过程中将食材 A 中细砂糖分 4 次放入蛋液中打至干性发泡。

2

将抹茶粉过筛到打好的蛋清中。

3

将中筋面粉、杏仁粉、糖粉分 3 次过筛到蛋清中，每次用切拌的手法将面糊拌匀，然后将拌好的面糊装入装裱袋中。

4

将面糊挤到铺好吸油纸的烤盘上。

5

轻轻震动两下烤盘使面糊中的气体排出，静止 5 ~ 6 分钟，用手轻轻触碰面糊表面不粘手了就可以放入预热好的烤箱中，150℃上下火烤 15 分钟左右，小饼取出备用。

6

制作夹心酱，先将黄油放入玻璃碗中软化。

7

加入糖粉用打蛋器打发。

8

加入淡奶油继续打发，夹心酱就做好了，将做好的夹心酱装入裱花袋中，挤到冷却后的两片小饼的中间即可。

健康面包

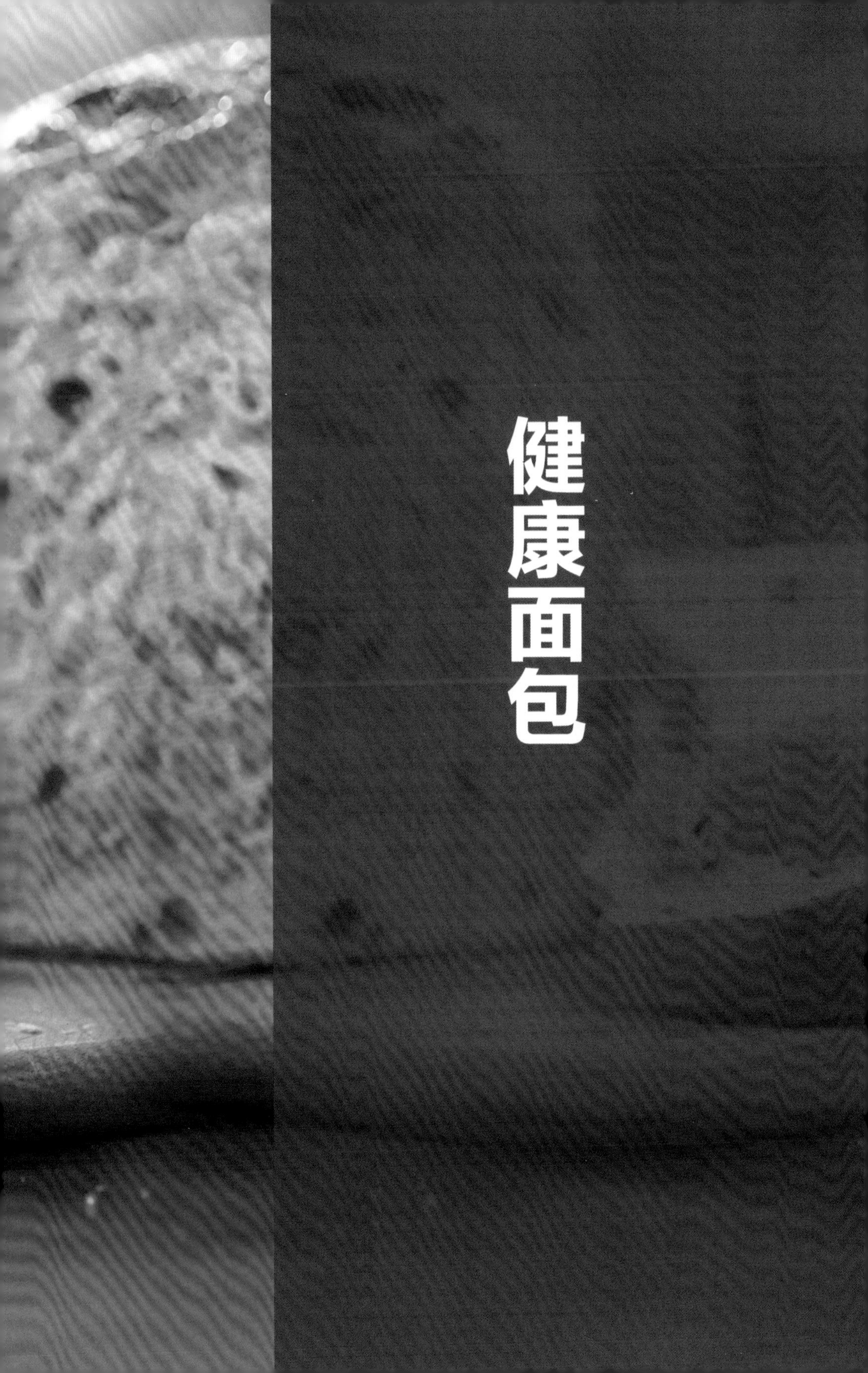

黑加仑司康

食材

低筋面粉	250 克
盐	2 克
泡打粉	10 克
黑加仑	50 克
鸡蛋	1 个
细砂糖	25 克
牛奶	100 克
黄油	60 克
核桃仁碎	50 克

制作过程

1 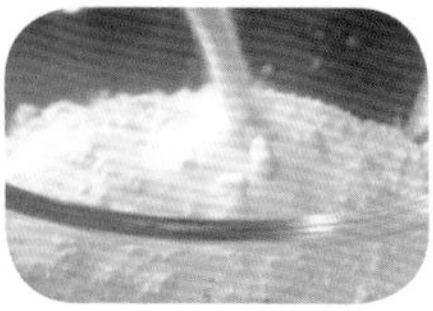

容器中加入过筛的低筋面粉、泡打粉、盐、细砂糖，搅拌均匀成粉料。

2 

从冰箱中取出黄油，切成小块，再与过筛的粉料充分混合。

3 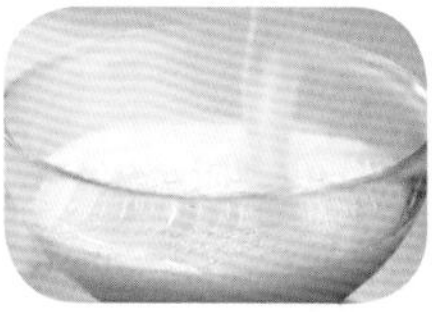

将牛奶倒入打散的鸡蛋中，搅拌均匀。

4 

将蛋奶液倒入“步骤 2”的粉料中，搅拌至没有干粉。

5 

加入核桃仁碎、黑加仑做成厚度为 0.2 厘米左右的面饼。

6 

在面饼表面撒上一层干面粉，烤盘上抹上薄薄的一层黄油。

7 

用直径为 3 厘米的压模将面饼制成司康饼坯，放在烤盘上，刷上一层蛋液，放入烤箱中，以上下火 220℃烘烤 15 分钟即可。

原味吐司

食材

高筋面粉	420 克
酵母粉	5 克
盐	2 克
奶粉	10 克
鸡蛋	1 个
细砂糖	40 克
黄油	30 克
牛奶	240 克

制作过程

1  

牛奶中放入酵母粉，加入 10 克细砂糖轻轻搅拌，静置 30 分钟；鸡蛋磕入碗中，将蛋液打散后倒入发酵好的牛奶中，搅拌均匀。

2 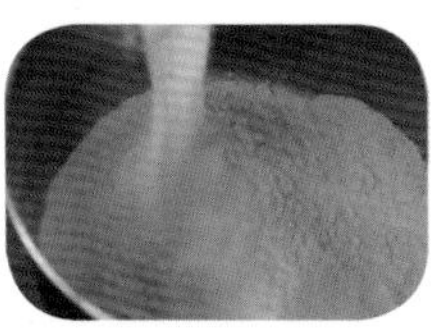

高筋面粉过筛后倒入容器中，放入奶粉、盐、剩余细砂糖。

3 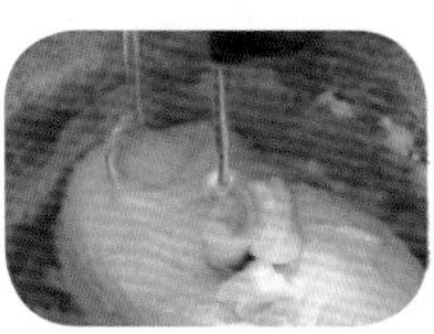

倒入牛奶溶液搅拌至没有干面粉时，加入黄油，揉成光滑不粘手的面团。

4 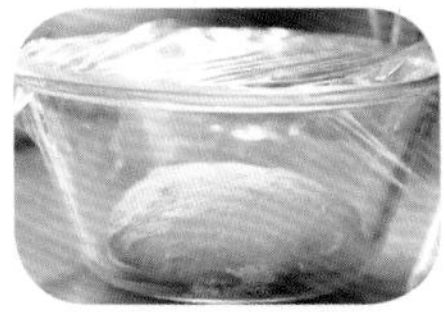

将面团放入容器中，盖上保鲜膜，室温发酵 1.5 ~ 2 小时，发酵至 2~2.5 倍大。

5 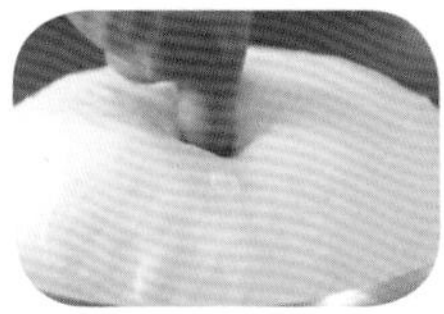

发好的面团，用手指戳一下，周围没出现塌陷证明面发得刚刚好。

6 

按压排空面团中的气体，平均分成三份，揉至光滑。

7 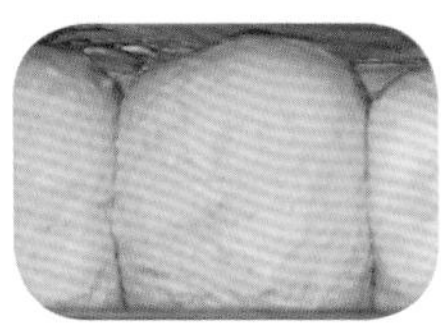

在模具中抹上黄油，放入面团，二次发酵 1 小时。

8 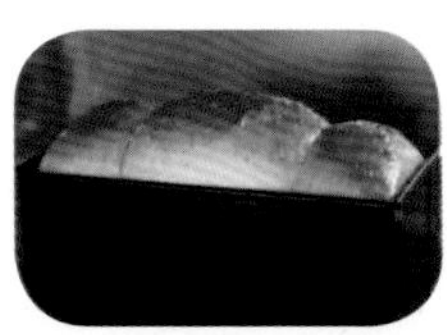

将二次发酵好的面团刷上蛋液，放入烤箱，上下火 180℃，烤 30 分钟，即可切片食用。

蔓越莓吐司

小贴士

烤面包时，面包的表皮上色会比较快，待表皮上色后可以加盖一层锡纸，以免表皮颜色过深。

食材

高筋面粉	420 克
蔓越莓干	70 克
鸡蛋	1 个
奶粉	10 克
细砂糖 1	20 克
牛奶	240 克
酵母粉	5 克
盐	2 克
黄油	30 克
细砂糖 2	20 克

制作过程

1

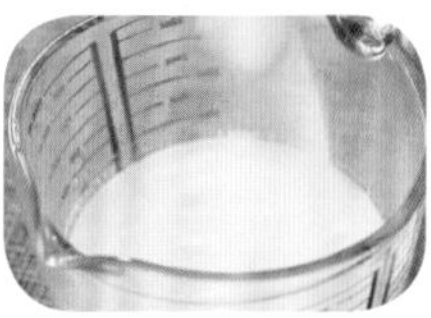

温牛奶中放入酵母粉，再加入细砂糖 1，轻轻搅拌，静置 30 分钟；将鸡蛋加入发酵好的牛奶中，搅拌均匀。

2

将过筛的高筋面粉、细砂糖 2、奶粉、盐、蔓越莓干放入搅拌机中，搅拌均匀。

3

放入黄油，边搅拌边倒入制好的牛奶酵母水，搅拌成光滑的面团，再放入容器中，室温 28℃发酵 1.5 ~ 2 小时。

4

发酵好的面团是原来的 2 ~ 2.5 倍大，用手指在面团的中间戳一个孔，如果周围不出现塌陷，证明面团发酵得刚刚好。

5

取出面团放在案板上，按压排气后分成三等份。

6

吐司模具中抹上一层黄油，放入面团，二次发酵 1 小时。

7

在发酵好的面包坯上刷一层蛋液。

8

放入烤箱，上下火 180℃，烤 30 分钟，切片食用即可。

红豆沙吐司

食材

高筋面粉	400 克
细砂糖	72 克
盐	4 克
酵母粉	4 克
奶粉	16 克
鸡蛋	3 个
水	168 克
黄油	48 克
白芝麻	适量
红豆沙	110 克

制作过程

1

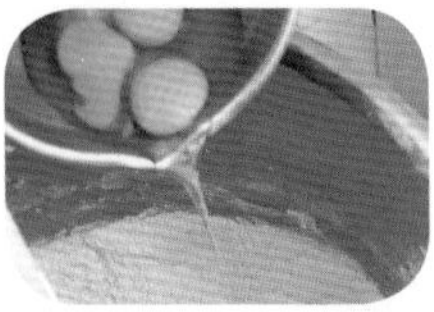

将高筋面粉、细砂糖、酵母粉、奶粉倒入盆中，搅匀；加入鸡蛋、水，慢速搅打 2 分钟，再快速搅打，打至面团光滑。

2

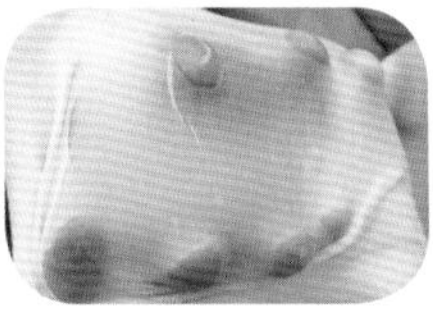

加入黄油和盐，打至面筋完全扩展，用手可拉出透明薄膜状。

3

将面团分成两等份，搓圆后盖上保鲜膜，在常温下静置 50 分钟后，将面团分别擀开，包入红豆沙成面饼。

4

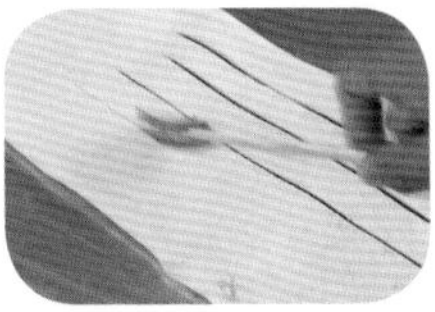

将包入红豆沙的面饼擀开，由上往下划开，卷成卷状。

5

将面团装入吐司模，撒白芝麻，放入发酵箱，发酵温度为 30 ℃，湿度为 75% ~ 85%，发酵 1 小时。

6

发至和吐司模齐平，表面刷蛋液，放入烤箱中，以上火 150 ℃、下火 225 ℃烘烤 35 分钟至表面呈金黄色即成。

酸奶吐司

小贴士

种面做法请参考第163页“步骤1”。

食材

高筋面粉	240 克
细砂糖	54 克
全麦粉	60 克
酵母粉	4 克
盐	6 克
黄油	30 克
奶粉	16 克
种面	100 克
酸奶	180 克
葡萄干	30 克
水	适量

制作过程

1

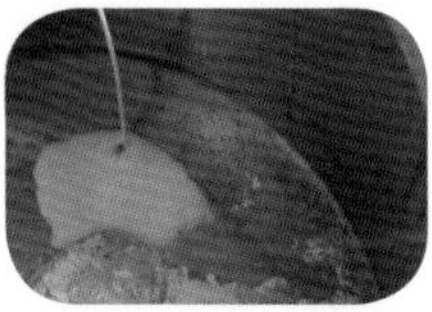

将高筋面粉、细砂糖、全麦粉、酵母粉、盐、奶粉、种面放入盆中慢速搅拌均匀，加入酸奶和水搅拌成团。

2

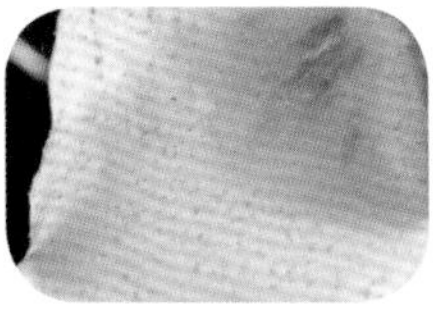

快速搅拌至面团光滑，加入黄油搅拌均匀，再快速搅打至面团用手能拉出薄膜。

3

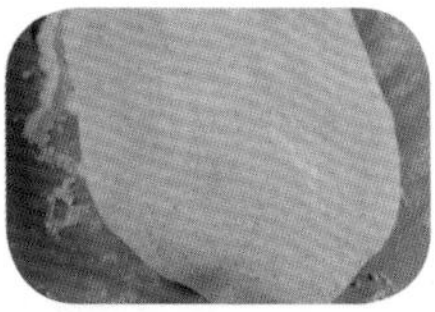

在面团中加入葡萄干搅拌均匀，将面团取出揉圆，醒发 60 分钟，盖上保鲜膜，松弛 30 ~ 40 分钟。

4

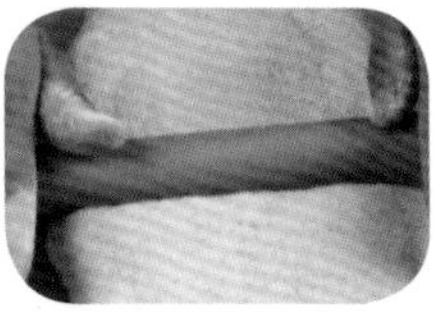

用擀面杖将面团里的空气擀出，擀成长形面片。

5

将面片从上面往下卷，保持直线，将底部接口收紧，防止底部过度膨胀。

6

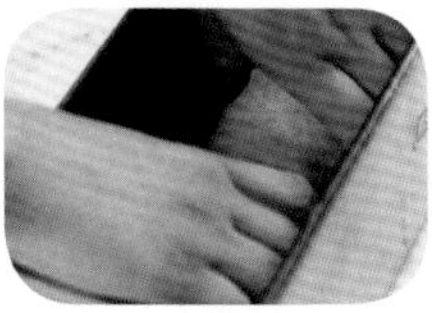

将卷好的面包坯放入吐司模，底部朝下，放进发酵箱醒发，醒发箱温度为 35℃，湿度为 75%，醒发至吐司模八成满就可以了，盖上吐司模盖，放入烤箱中，以上火 210℃、下火 190℃烘烤 35 ~ 38 分钟即可。

奶酪水果包

食材

高筋面粉 1	100 克
高筋面粉 2	100 克
水 1	40 克
水 2	32 克
酵母粉 1	1 克
酵母粉 2	2 克
细砂糖	40 克
盐	2 克
奶粉	8 克
鸡蛋	1 个
黄油	30 克
奶酪酱	58 克
黄桃	适量

制作过程

1
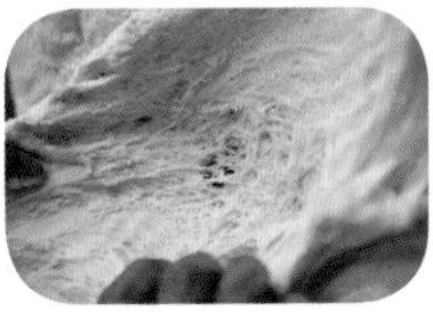

将高筋面粉 1、水 1、酵母粉 1 搅匀，盖上塑料袋，常温发酵 2 小时，发酵到用手撕开呈蜂窝状，做种面。

2
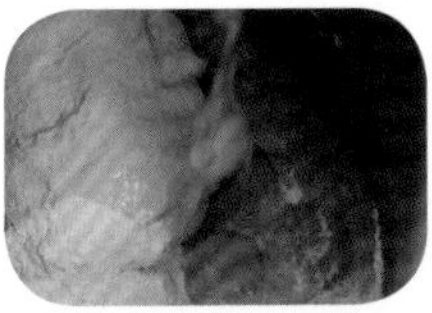

将高筋面粉 2、细砂糖、酵母粉 2、奶粉倒进种面中，搅匀后加入鸡蛋、水 2，先搅匀，再快速搅拌，打至面团光滑。

3

加入黄油和盐，搅打至面筋完全扩展，用手可拉出透明薄膜状。

4

将面团分为多个，搓圆盖上保鲜膜，在常温下静止 40 分钟。

5

将面团分别搓长，编成麻花状，放入纸托中，入发酵箱，发酵温度为 30℃，湿度为 75% ~ 85%，发至原体积的两倍大。

6
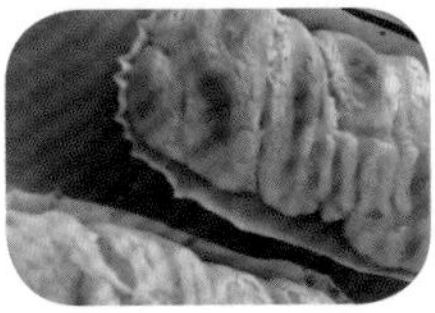

表面刷蛋液，放入黄桃，挤上奶酪酱，入烤箱，以上火 210℃、下火 170℃烘烤 8 分钟至表面呈暖黄色，取出即可。

双胞兄弟

小贴士

泡芙馅料做法：

将水、植物油、牛奶各 30 克放入小盆里煮沸，加入 30 克低筋面粉，搅匀后加入 30 克鸡蛋液，搅拌成面糊状即可。

食材

高筋面粉	200 克
细砂糖	40 克
盐	2 克
酵母粉	2 克
奶粉	8 克
鸡蛋	1 个
水	72 克
黄油	30 克
黑巧克力	30 克
耐烘烤巧克力豆	18 克
泡芙馅料	适量

制作过程

1 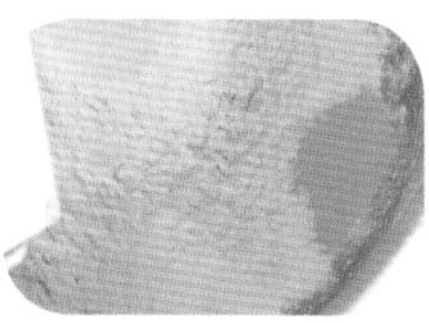

将高筋面粉、细砂糖、酵母粉、奶粉倒进盆中搅匀。

2 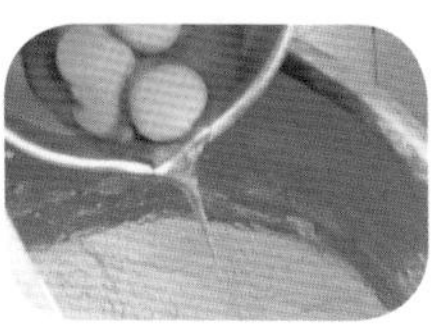

加入鸡蛋、水，搅匀，再快速搅拌，打至面团光滑；加入黄油和盐，打至面筋完全扩展，用手可拉出透明薄膜状。

3 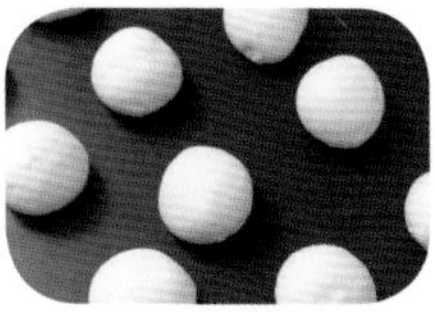

将面团分为多个，搓成圆球，盖上保鲜膜，在常温下静置 40 分钟。

4 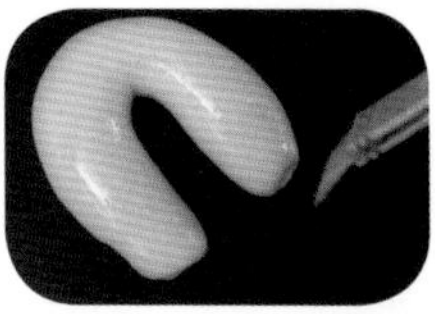

将面团搓至 10 厘米长，用手折弯呈“U”型，入发酵箱，发酵温度为 30℃，湿度为 75% ~ 85%，发酵 1 小时至原体积的两倍大；表面刷一层蛋液。

5 

挤上泡芙馅料，放入烤箱中，以上火 210℃、下火 170℃烘烤 8 分钟至表面呈金黄色。

6 

完全冷却后，将黑巧克力隔水化开，抹在面包两头，然后粘上耐烘烤巧克力豆即可。

双味面包

食材

高筋面粉	200 克
抹茶粉	3 克
细砂糖	40 克
盐	2 克
酵母粉	2 克
奶粉	8 克
鸡蛋	1 个
水	72 克
黄油	30 克
蔓越莓干	150 克
沙拉酱	48 克
红豆沙吐司面团	720 克

制作过程

1 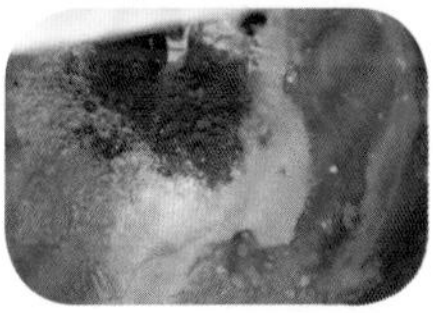

将高筋面粉、细砂糖、盐、酵母粉、抹茶粉、奶粉倒进盆中，搅匀后加入鸡蛋和水，搅匀后再快速搅拌，打至面团光滑。

2 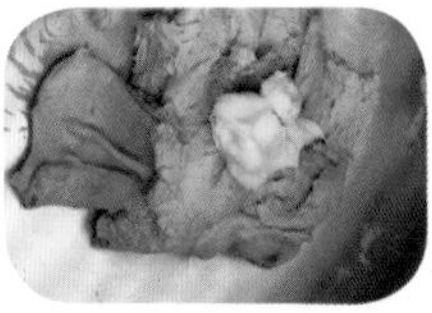

加入黄油，打至面筋完全扩展，用手可拉出透明薄膜状。

3 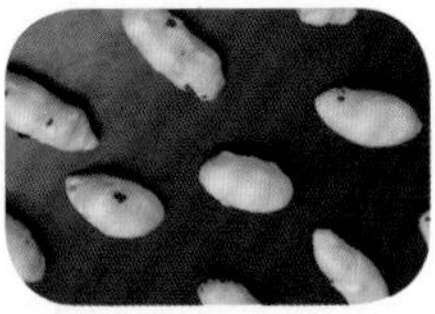

将面团分为多个，搓圆后盖上保鲜膜，在常温下静置 40 分钟。

4 

将抹茶面团包入 120 克红豆沙吐司面团，擀长，再包入蔓越莓干，卷成卷，入发酵箱，发酵温度为 30℃，湿度为 75% ~ 85%，发酵 1 小时。

5 

发至两倍大就可以烤了。刷蛋液，在面包上划两刀，在划痕处挤入沙拉酱。

6 

入烤箱，以上火 210℃、下火 170℃，大约烘烤 8 分钟至表面呈金黄色，取出即可。

汤种毛毛虫面包

食材

高筋面粉 1	250 克
高筋面粉 2	15 克
酵母粉	4 克
盐	1.5 克
奶粉	30 克
鸡蛋	1 个
牛奶 1	110 克
牛奶 2	65 克
黄油	25 克
细砂糖 1	30 克
细砂糖 2	10 克
蛋黄	1 个
肉松	适量

制作过程

1 

将过筛的高筋面粉 1 倒入容器中，加入细砂糖 1、奶粉、盐、酵母粉、牛奶 1、鸡蛋、黄油，搅拌成光滑不粘手的面团。

2 

把面团放到容器中，盖上保鲜膜，放入烤箱中发酵，待面团发至 1.5 ~ 2 倍大时取出。

3 

将牛奶 2 倒入锅中，加入蛋黄、细砂糖 2、过筛的高筋面粉 2，用小火加热，边加热边搅拌成糊状，汤种就做好了。

4 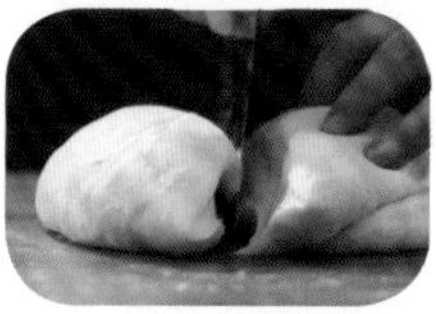

将汤种与发酵好的面团充分混合揉匀，醒发 20 分钟。醒好后，把面团分成两份。

5 

把面团擀成厚度为 5 毫米左右、长度为 15 ~ 20 厘米的长方形面片。在面片的一端撒上肉松。面片的另一端切成 1 厘米宽的条形。

6 

将面片沿着有肉松的一端慢慢卷起成毛毛虫形状的面包坯。

7 

做好的面包坯放在烤盘上，醒发 30 分钟后刷上一层蛋液。放入预热好的烤箱，以上下火 170℃烘烤 10 ~ 15 分钟，香喷喷的面包就烤好了。

酸奶面包

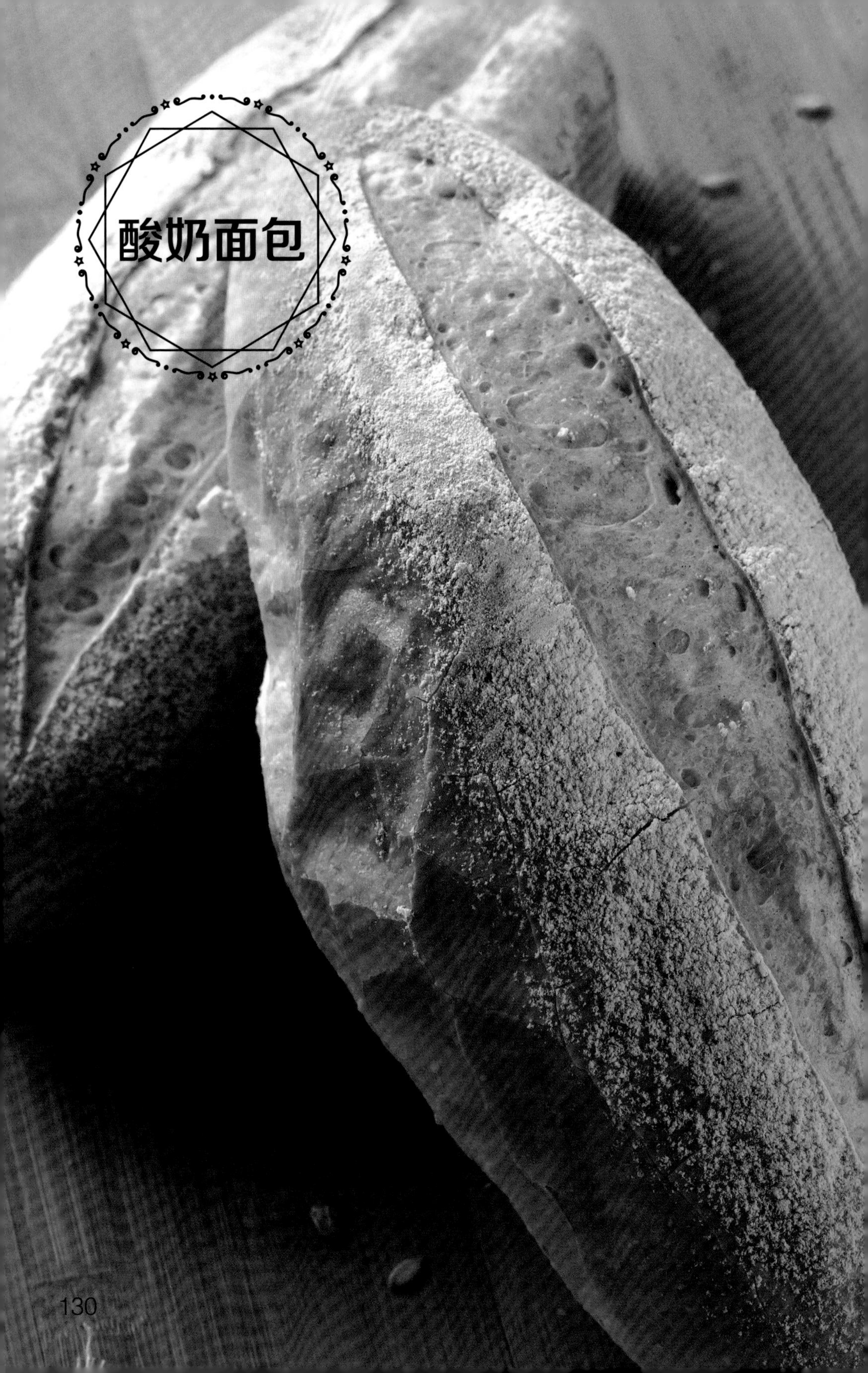

食材

高筋面粉	200 克
全麦粉	60 克
原味酸奶	100 克
黄油	15 克
酵母粉	5 克
盐	2 克
s-500 面包改良剂	5 克
水	120 克

制作过程

1 

将高筋面粉、全麦粉、酵母粉、盐、s-500 面包改良剂放入搅拌机内，以慢速挡慢慢加入水搅拌成面团，再改用快速挡搅拌 12 分钟，取出，加入黄油和原味酸奶和至面团光滑。

2 

将面团分成两个小面团，放在工作台上，表面覆盖保鲜膜，醒发 30 分钟。

3 

挤出面团中的气泡，将面压成直径约 10 厘米的面饼。

4 

将面饼从上向下卷，封口。

5 

制作成长条形，放入醒发箱。

6 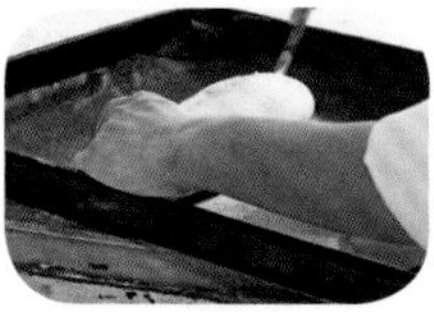

待完全醒发后，表面撒上高筋面粉，切一个刀口，放入烤箱打蒸汽，以上下火 180℃烘烤 40 分钟至面包上色均匀，取出即成。

菠萝包

小贴士

如果菠萝酥皮很黏软，可以加入适量的干面粉。做好的菠萝酥皮应该是不粘手的状态。

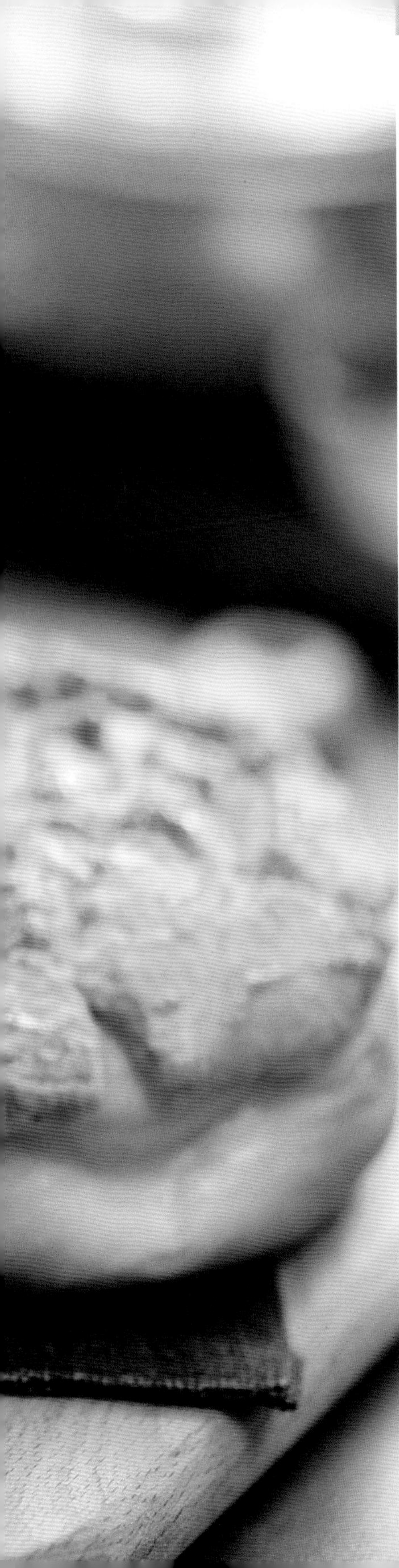

食材

汤种:	
高筋面粉 1	20 克
水	适量
面团:	
高筋面粉 2	240 克
盐 1	4 克
细砂糖 1	40 克
奶粉 1	20 克
泡打粉 1	3 克
鸡蛋	1 个
黄油 1	20 克
酵母粉	6 克
温水	适量
菠萝酥皮:	
低筋面粉	85 克
猪油	15 克
盐 2	3 克
蛋黄	1 个
奶粉 2	10 克
黄油 2	20 克
泡打粉 2	2 克
细砂糖 2	30 克

制作过程

汤种

1 

将制作汤种的水全倒入锅中，再放入过筛的高筋面粉 1，用小火加热，搅拌成糊状。

2

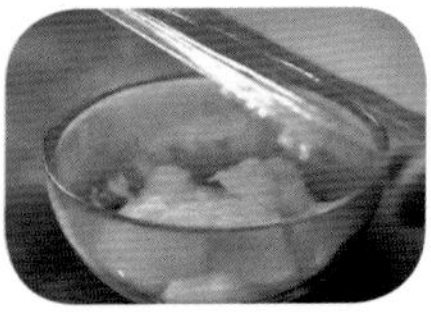

将面糊放入碗中，盖上保鲜膜，放入冰箱冷藏 20 分钟。

面团

1

玻璃碗中倒入温水，放入酵母粉，轻轻搅拌几下制成酵母水；将鸡蛋搅拌均匀。

2

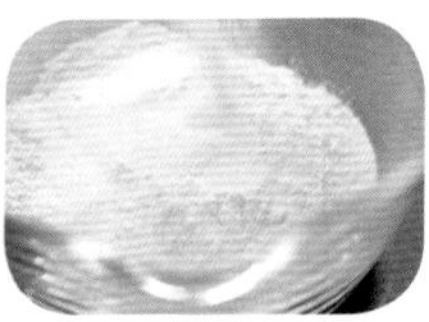

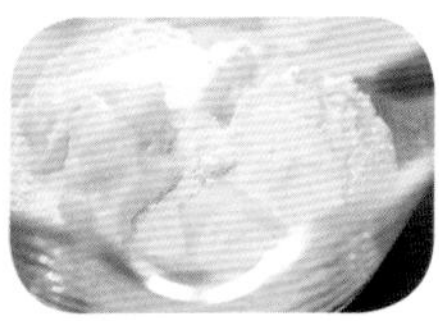

将过筛的高筋面粉 2 倒入容器中，放入盐 1、细砂糖 1、奶粉 1、泡打粉 1；倒入打好的蛋液、汤种、酵母水、黄油 1，搅拌后揉成光滑不粘手的面团，盖上保鲜膜发酵 1 ~ 2 小时。

3

发酵到 1.5 ~ 2 倍大；用食指蘸些干面粉在面团的中间戳一个孔，如果周围没有塌陷，证明这时候的面发酵得刚刚好。

4

将面团分成四等份，揉至光滑。

5

将面团做成面包坯放在烤盘上，盖上保膜二次发酵 40 分钟左右。

菠萝酥皮

1

将过筛的低筋面粉放入容器中，加入细糖 2、猪油、奶粉 2、泡打粉 2、盐 2、蛋黄黄油 2，搅拌均匀。

2

揉好的菠萝酥皮包入保鲜膜中，放入冰冷藏 30 分钟。

3

把冷藏好的菠萝酥皮切成均匀的小块，擀成与面包坯同等大小的面片。

菠萝包

1

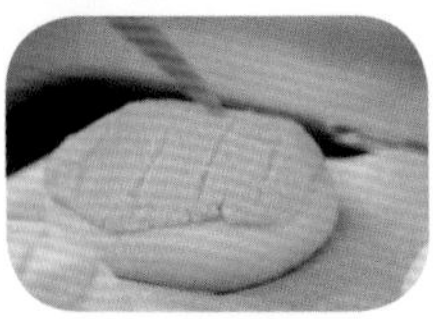

将菠萝酥皮盖在面包坯上，然后在上面轻轻地划出菱形块。

2

在酥皮表面刷上一层蛋液。

3

放入预热好的烤箱，上下火均为 180℃，烤 15 分钟即可。

维嘉面包

食材

高筋面粉	200 克
细砂糖	40 克
盐	2 克
酵母粉	2 克
奶粉	8 克
鸡蛋	1 个
水	72 克
黄油	30 克
奶酪	10 克
维嘉馅料	适量

制作过程

1 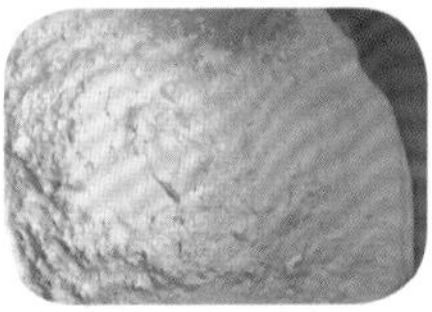

将高筋面粉、奶酪、细砂糖、酵母粉、奶粉倒进盆中搅匀。

2 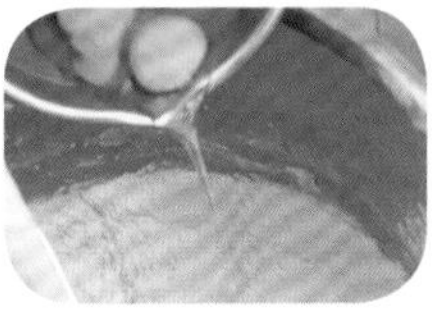

加入鸡蛋和水，先搅匀，再快速搅拌，搅打成光滑的面团。

3 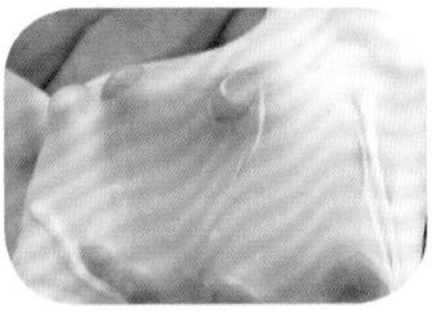

加入黄油和盐，搅打至面筋完全扩展，用手可拉成透明薄膜状。

4 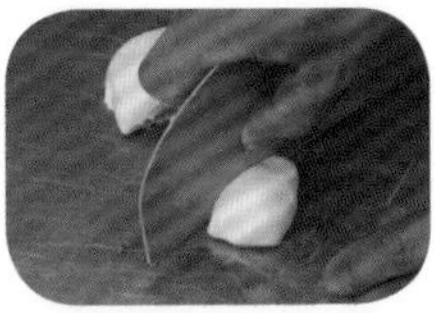

将面团分为六份，搓圆后盖上保鲜膜，在常温下静置 40 分钟。

5 

分别将每个面团分成四份，搓圆后放在面包纸托内，入发酵箱，发酵温度为 30℃，湿度为 75% ~ 85%。

6 

发至两倍大就可以准备烤了，挤上维嘉馅料，放入烤箱中，以上火 210℃、下火 170℃烘烤 8 分钟至表面呈金黄色即可。

意大利
佛卡夏面包

食材

高筋面粉	400 克
盐	9 克
s-500 面包改良剂	5 克
酵母粉	6 克
植物油	20 克
水	300 克
百里香	5 克
黑橄榄	20 克
洋葱丝	20 克
蒜蓉	8 克
意大利混合香料	10 克

制作过程

1 

将高筋面粉、盐、s-500 面包改良剂、酵母粉放入搅拌机内，以慢速挡慢慢加入水搅拌成面团，再改用快速挡搅拌 10 分钟，取出后加入蒜蓉、植物油、意大利混合香料和至面团光滑。

2 

将面团分成四份。

3 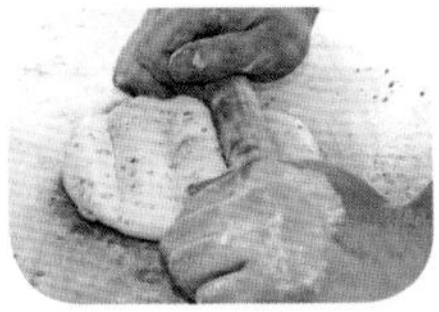

用擀面杖将面团擀成椭圆形。

4 

表面刷上植物油，用手指在面团上按上小坑，放入发酵箱。

5 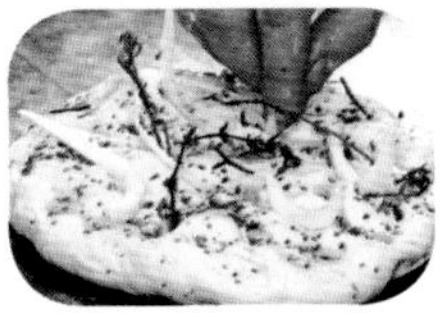

待完全醒发后取出，撒上百里香、黑橄榄、洋葱丝。

6 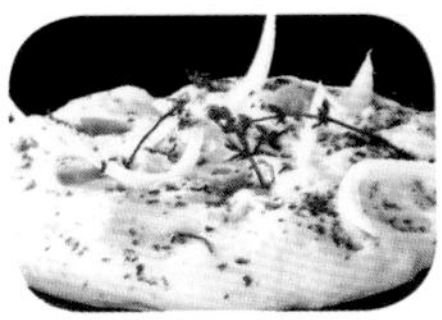

放入烤箱中，以180℃烘烤18分钟至上色，取出即成。

蔓越莓
贝果

食材

高筋面粉	450 克
低筋面粉	50 克
细砂糖	50 克
奶粉	10 克
盐	11 克
酵母粉	3 克
水	300 克
蔓越莓干	300 克
糖浆	适量

制作过程

1

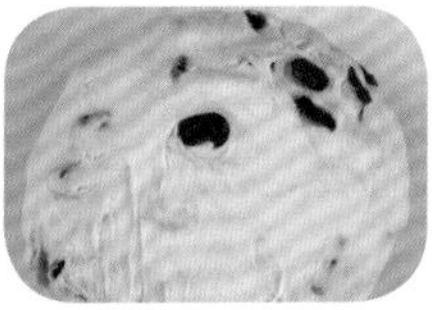

将高筋面粉、低筋面粉、细砂糖、奶粉、盐、酵母粉、水混合搅拌至表面光滑有弹性，加入蔓越莓干搅拌均匀成面团，室温静置20 分钟。

2

将面团分割成十等份，揉成圆形的面团，静置 40 分钟。

3

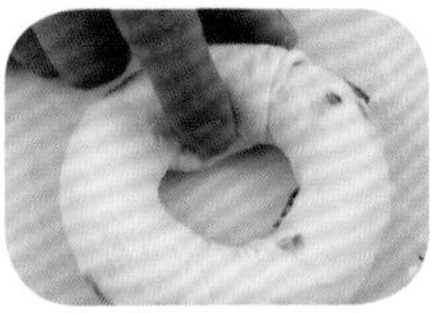

揉搓面团，将面团排气，然后卷成圆柱形，对接成圆圈形。

4

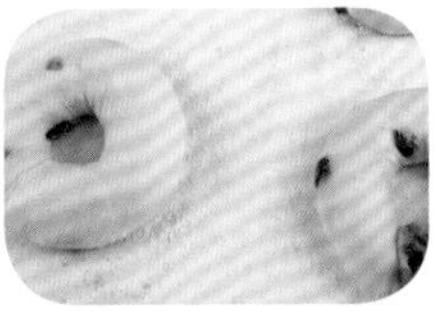

将面团放入发酵箱，以温度 30℃发酵 60 分钟。

5

将发酵好的面包坯放入加热的糖浆里面，每面烫约 15 秒，捞出沥干。

6

将面包坯放入烤箱中，以上火 210℃、下火 170℃烘烤 16 分钟即可。

芝士热狗

食 材

高筋面粉	200 克
细砂糖	40 克
盐	2 克
酵母粉	2 克
奶粉	8 克
鸡蛋	1 个
水	72 克
黄油	30 克
沙拉酱	60 克
芝士碎	48 克
熟热狗	6 个
干葱	8 克
光亮剂	适量

制 作 过 程

1

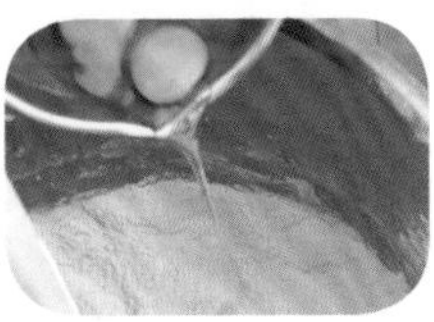

将高筋面粉、细砂糖、酵母粉、奶粉倒进盆中搅匀，加入鸡蛋、水，先搅匀，再快速搅拌，打至面团光滑。

2

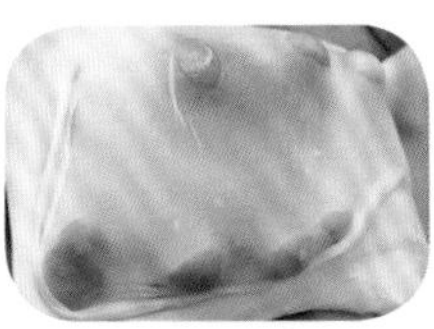

加入黄油、盐，搅拌均匀，搅打至面筋完全扩展，用手可拉成透明薄膜状。

3

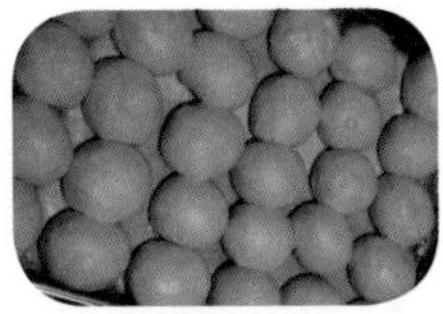

将面团分为多个，搓圆，盖上保鲜膜，在常温中静置 40 分钟后，将面团做成长 10 厘米、宽 5 厘米的长方形饼坯，入发酵箱，发酵温度为 30℃，湿度为 75% ~ 85%，发至两倍大就可以烘烤了。

4

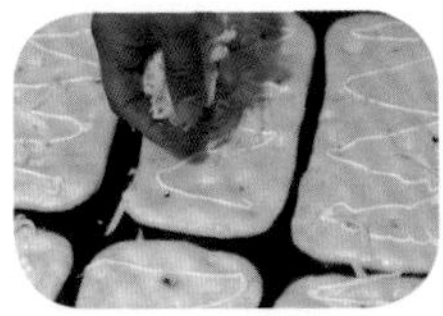

在饼坯上刷蛋液，挤上沙拉酱，撒上芝士碎，入烤箱，以上火 210℃、下火 170℃烘烤 8 分钟至表面呈金黄色。

5

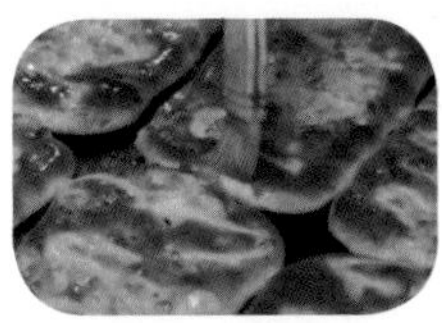

出炉后表面可以刷上光亮剂，面包凉透后，翻面，挤上沙拉酱。

6

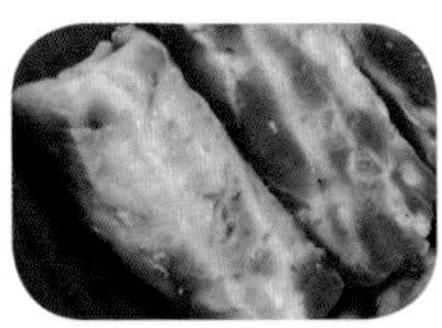

卷入一个熟热狗，表面用干葱点缀即可。

阳光芝士饼

食材

高筋面粉	200 克
奶酪	10 克
细砂糖	36 克
盐	2 克
酵母粉	2 克
奶粉	8 克
鸡蛋	1 个
水	76 克
黄油	24 克
热狗片	100 克
干葱	2 克
沙拉酱	30 克
玉米粒	100 克
番茄酱	30 克
芝士碎	100 克

制作过程

1

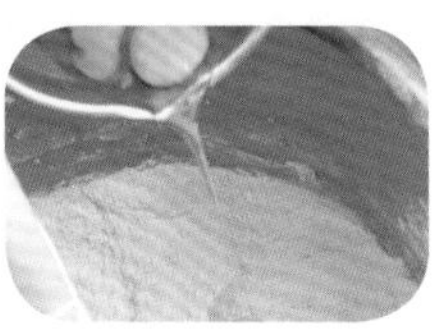

将高筋面粉、奶酪、细砂糖、酵母粉、奶粉倒进盆中，搅匀，加入鸡蛋、水，搅匀后再快速搅拌，打至面团光滑。

2

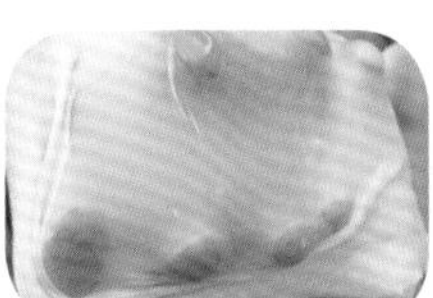

加入黄油、盐，搅打至面筋完全扩展，用手可拉成透明薄膜状。

3

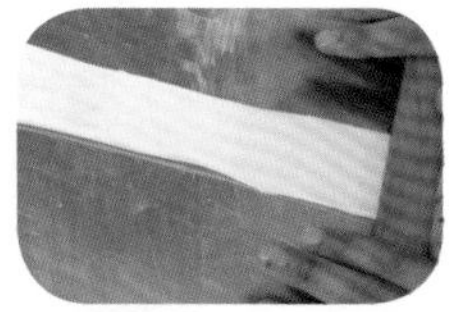

将面团分为多个，搓圆，盖上保鲜膜，在常温下静置 40 分钟后，将面团擀得和烤盘一样长，入发酵箱，发酵温度为 30℃，湿度为 75% ~ 85%。

4

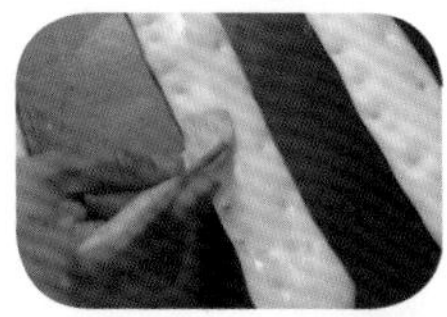

面饼发至两倍大就可以烘烤了，在面饼上按一些小坑后刷蛋液。

5

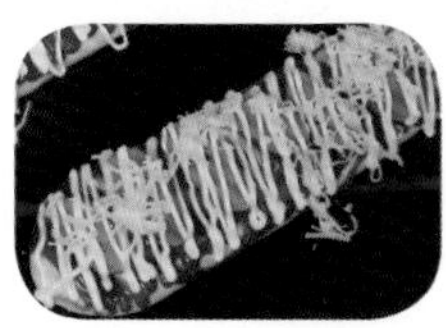

表面挤上番茄酱，放上热狗片、玉米粒，挤上沙拉酱，铺上芝士碎、干葱。

6

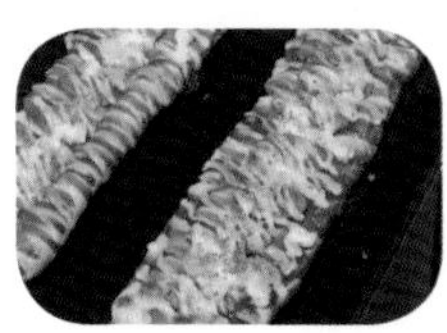

放入烤箱中，以上火 210℃、下火 170℃烘烤 8 分钟（烤盘底部再垫一个烤盘烘烤，避免烤焦），烤至表面呈金黄色即可。

土豆面包

食材

高筋面粉	200 克
盐	3 克
s-500 面包改良剂	5 克
酵母粉	5 克
土豆泥	50 克
黄油	12 克
水	150 克

制作过程

1

将高筋面粉、盐、s-500 面包改良剂、酵母粉放入搅拌机内，以慢速挡慢慢加入水、黄油、土豆泥搅拌成面团，再改用快速挡搅拌约 12 分钟取出。

2

将面团放在工作台上，醒发 20 分钟，表面覆盖保鲜膜。

3

将大面团分成 35 克一份的小面团，搓成小圆球。

4

将 7 个小圆球放在烤盘上，围成一个圈。

5

将面包坯放入醒发箱，待完全醒发后，表面撒上高筋面粉。

6

用剪刀在每个面团上剪一个小口，放入烤箱中，侧面以 180℃烘烤 30 分钟至面包上色均匀，取出即成。

菠萝油

食材

高筋面粉	200 克
盐	3 克
s-500 面包改良剂	5 克
酵母粉	5 克
土豆泥	50 克
黄油	12 克
水	150 克

制作过程

1 

将高筋面粉、盐、s-500 面包改良剂、酵母粉放入搅拌机内，以慢速挡慢慢加入水、黄油、土豆泥搅拌成面团，再改用快速挡搅拌约 12 分钟取出。

2 

将面团放在工作台上，醒发 20 分钟，表面覆盖保鲜膜。

3 

将大面团分成 35 克一份的小面团，搓成小圆球。

4 

将 7 个小圆球放在烤盘上，围成一个圈。

5 

将面包坯放入醒发箱，待完全醒发后，表面撒上高筋面粉。

6 

用剪刀在每个面团上剪一个小口，放入烤箱中，侧面以 180℃烘烤 30 分钟至面包上色均匀，取出即成。

法式长面包

食材

高筋面粉	500 克
盐	8 克
s-500 面包改良剂	5 克
酵母粉	5 克
水	360 克

制作过程

1

将高筋面粉、盐、s-500 面包改良剂、酵母粉、水和至面团表面光滑。

2

将面团分成 80 克一份的小面团，放在工作台上静置一会儿。

3

表面覆盖保鲜膜，醒发 30 分钟，使用压面机将面团压成40厘米长的长方形面片。

4

将面片从上向下卷成圆柱形。

5

将圆柱形面包坯搓成法式长面包形状，放入模具中，送入醒发箱，待完全醒发后拿出。

6

用刀片在表面划 5 个刀口，放入烤箱中，以上下火 180℃烘烤 30 分钟至面包上色均匀，开盖烘烤 10 分钟后取出即成。

菠萝油

食材

高筋面粉	200 克
细砂糖	40 克
盐	2 克
酵母粉	2 克
奶粉	8 克
鸡蛋	1 个
水	72 克
黄油	30 克
菠萝油皮	适量

制作过程

1
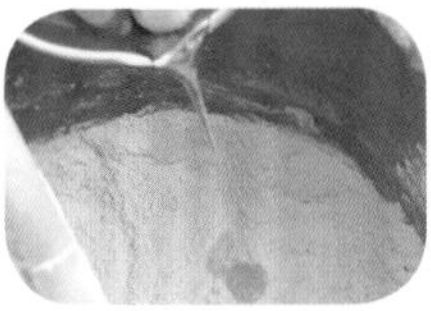

将高筋面粉、细砂糖、水、酵母粉、奶粉倒进盆中搅匀，加入鸡蛋搅匀，再快速搅拌至面团光滑。

2
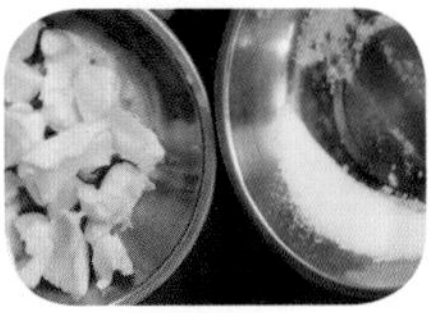

加入黄油和盐。

3
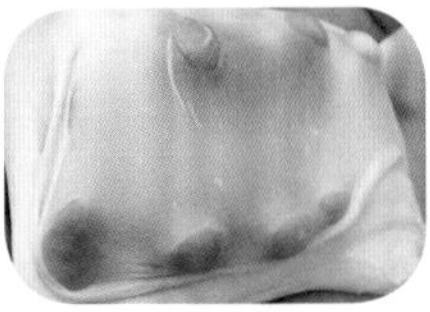

将面团搅打至面筋完全扩展，用手可拉成透明薄膜状。

4
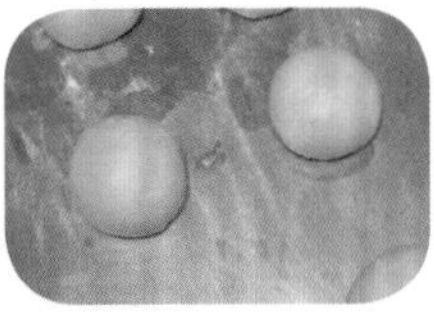

将面团分为 6 个小面团，搓圆后盖上保鲜膜，在常温下静置 40 分钟。

5
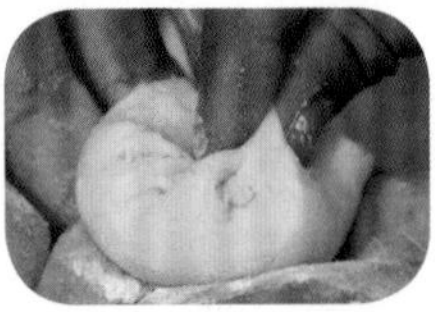

将小面团包入菠萝油皮，入发酵箱，发酵温度为 30℃，湿度为 75% ~ 85%，发酵 1 个小时。

6
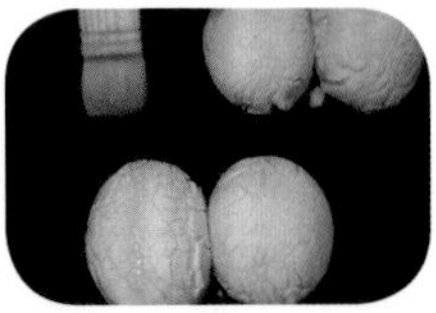

面团发至两倍大时表面刷蛋黄液，烤箱温度为上火 210℃、下火 170℃，大约烘烤 8 分钟至表面呈金黄色。

玫瑰杏仁面包

食材

高筋面粉	175 克
细砂糖	25 克
牛奶	44 克
酵母粉	2 克
盐	3 克
黄油	10 克
奶粉	13 克
种面	50 克
酸奶	80 克
杏仁片	30 克

制作过程

1

将高筋面粉、细砂糖、酵母粉、盐、奶粉和种面放入盆中，慢速搅拌均匀，再加入酸奶和牛奶搅拌成团。

2
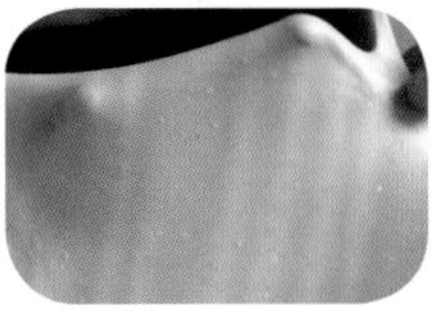

快速搅打至面团光滑，加入黄油，搅拌均匀至面团吸收，再快速打至面团用手能拉成薄膜状。

3
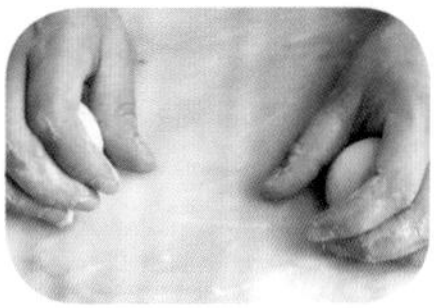

将面团取出，揉圆，放入烤盘，盖上保鲜膜，醒发60分钟后分割成25个小面团，揉圆。

4
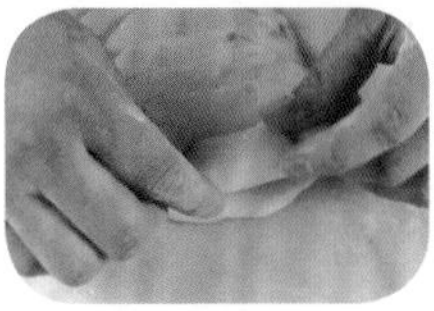

将小面团用擀面杖擀成直径约 5 厘米的面片，每 5 个擀好的面片层层叠起，每片之间错开一点距离，从上往下卷，不要卷太紧，防止花瓣粘太紧。

5
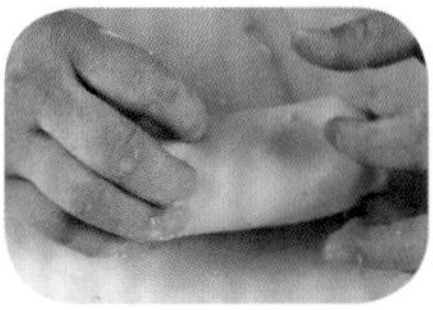

将卷好的面包坯从中间用切面刀切断成 2 份。

6

将面包坯放入四角纸杯，入发酵箱进行最终醒发，发酵箱温度为 35℃，湿度为 75%，醒发 1 小时；在醒发好的面包表面轻轻刷上蛋液，撒上杏仁片，放入烤箱中，以上火 210℃、下火 190℃烤 16 ~ 18 分钟即可。

十字面包

食材

高筋面粉	300 克
木糖醇	70 克
黄油	60 克
酵母粉	5 克
鸡蛋	1 个
盐	3 克
s-500 面包改良剂	3 克
牛奶	100 克
朗姆酒	100 克
豆蔻粉	1 克
葡萄干	50 克
杂果皮	5 克
面糊	适量

制作过程

1

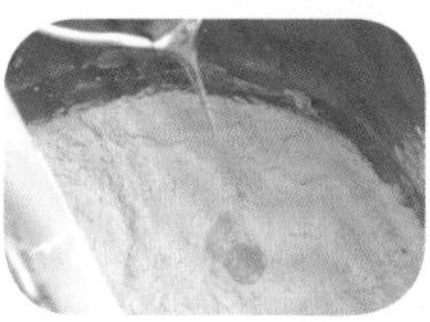

将葡萄干和杂果皮用朗姆酒浸泡 12 小时备用；将高筋面粉、木糖醇、酵母粉、盐、s-500 面包改良剂、豆蔻粉放入搅拌机内，以慢速挡慢慢加入鸡蛋和牛奶搅成面团；改用快速挡搅拌 10 分钟，再用慢速挡加葡萄干、黄油、杂果皮搅至面团光滑后取出。

2

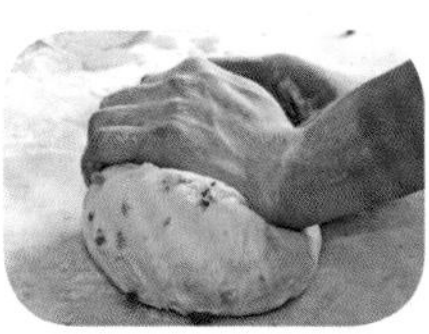

轻揉面团，使葡萄干和杂果皮完全融入面团中。

3

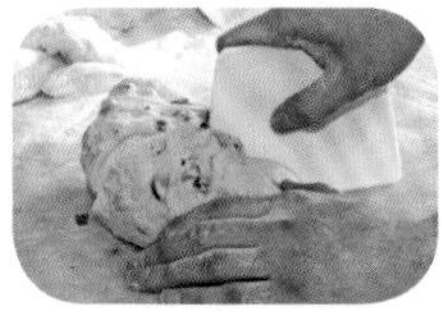

将面团分成每 35 克一个的小面团。

4

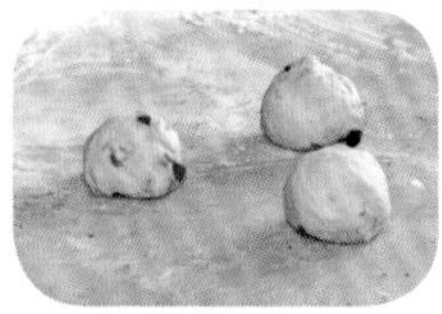

将小面团揉搓成圆形。

5

将小面团放入发酵箱，待完全醒发后，在小面团表面刷上蛋液。

6

面糊挤成十字线，放入烤箱中，以 180℃烘烤 20 分钟至面包上色均匀，取出即成。

核桃全麦面包

食材

高筋面粉	200 克
全麦粉	150 克
核桃仁	30 克
葡萄干	30 克
杏仁片	30 克
酵母粉	10 克
s-500 面包改良剂	5 克
盐	5 克
黄油	40 克
水	150 克

制作过程

1

将高筋面粉、全麦粉、酵母粉、s-500面包改良剂、盐、黄油倒入搅拌机中，慢慢加入水搅拌至面团起筋，表面光滑，取出。

2

将面团放在 28℃的环境中醒发 30 分钟。

3

将醒发好的面团擀长，撒上葡萄干、核桃仁、杏仁片。

4

将面团卷起后放入模具中。

5

用刀从中间割开，再次醒发至原面团两倍大。

6

放入烤箱中，以 180℃烘烤 30 分钟至熟透即可。

火腿芝士面包

小贴士

火腿片尽量切得薄一点儿，这样造型时会容易些。

食材

高筋面粉	250 克
黄油	30 克
盐	2 克
细砂糖	10 克
酵母粉	3 克
鸡蛋	1 个
芝士片	4 片
火腿	250 克
水	适量

制作过程

1
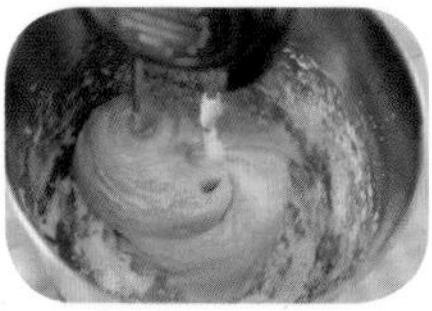

在高筋面粉中加入盐、细砂糖、酵母粉、鸡蛋、黄油，边搅拌边加水。

2

搅拌至面团光滑不粘手，面团发酵需要 1.5 ~ 2 小时。

3
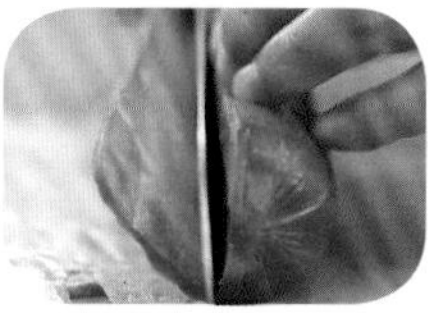

火腿切成片。

4
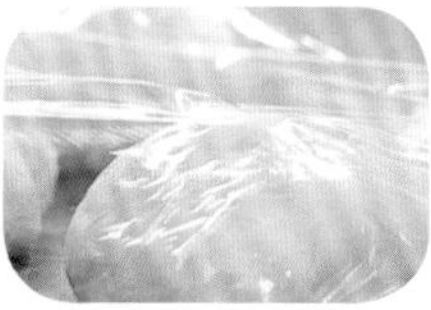

将发酵好的面团放到面板上，用手将里面的空气压出，把面团分成四份，团成圆形醒发 15 分钟。

5
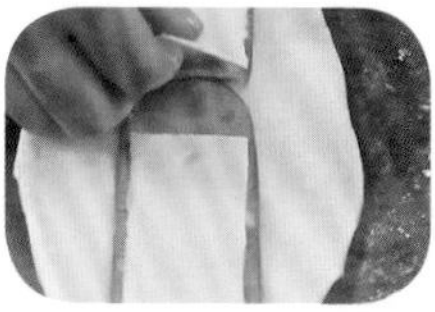

将醒好的面团分别擀成椭圆形，放一层火腿片，再放一层芝士片。

6

从上往下慢慢卷起，把两边的口分别收紧后再捏在一起，用刀在面包坯的上面划一个小口，然后沿着切开的部分向两边掰开。

7

在做好的面包坯上刷一层蛋液，放入发酵箱二次发酵 30 分钟，发酵好的面包坯放入烤箱中，以 180℃烘烤 20 分钟即可。

培根芝士

食材

高筋面粉 1	100 克
高筋面粉 2	100 克
水 1	40 克
水 2	32 克
酵母粉 1	1 克
酵母粉 2	2 克
细砂糖	40 克
盐	2 克
奶粉	8 克
鸡蛋	1 个
黄油	30 克
玉米粒	18 克
沙拉酱	24 克
芝士碎	18 克
干葱	6 克
培根	适量

制作过程

1
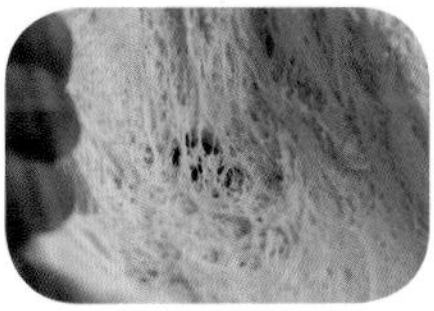

将高筋面粉 1、水 1、酵母粉 1 搅匀，常温醒发两小时，盖上保鲜膜，手撕开呈蜂窝状即醒发好成种面。

2
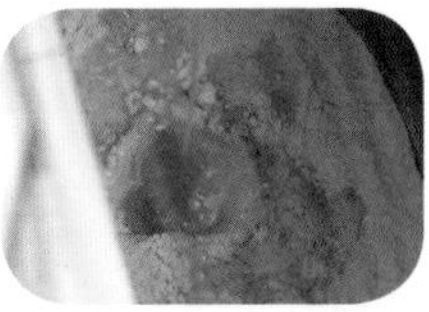

将高筋面粉 2、细砂糖、酵母粉 2、奶粉倒入种面的盆中，搅匀后加入鸡蛋和水 2，先搅匀，再快速搅拌，打至面团光滑。

3
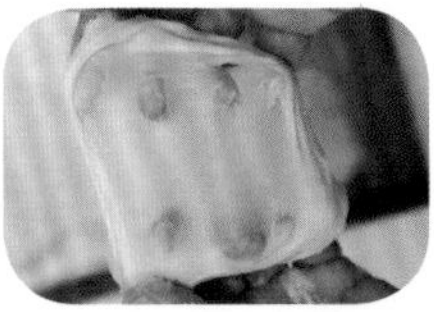

加入黄油和盐，打至面筋完全扩展，用手可拉成透明薄膜状。

4

将面团等分成若干份，搓圆后盖上保鲜膜，在常温下静置 40 分钟。

5
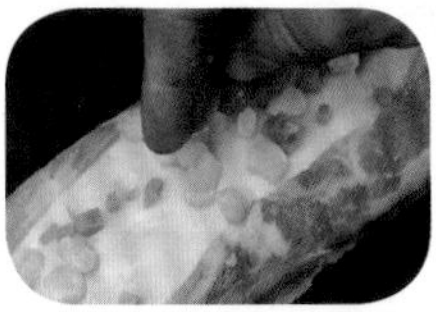

将面团做成橄榄形，表面戳一些洞，并用擀面杖压一下，放入发酵箱，发酵温度为 30℃，湿度为 75% ~ 85%，发至原体积的两倍大，表面刷蛋液，四周包入一片中间用小刀划开的培根，培根中间放入玉米粒。

6

在表面挤沙拉酱，撒上芝士碎，放入烤箱中，以上火 210℃、下火 170℃烘烤 8 分钟至表面呈金黄色，表面用干葱点缀即可。

燕麦面包

食材

高筋面粉	180 克
燕麦粉	60 克
盐	4 克
木糖醇	12 克
黄油	15 克
s-500 面包改良剂	6 克
酵母粉	3 克
燕麦片	30 克
水	170 克
可可粉	20 克

制作过程

1

将高筋面粉、燕麦粉、盐、可可粉、木糖醇、s-500 面包改良剂、酵母粉放入搅拌机，以慢速挡慢慢加入水搅拌成面团，改用快速挡搅拌 10 分钟，再加入黄油搅拌至面团光滑后取出。

2

将面团分成每 20 克一个的小面团，放在工作台上，醒发 30 分钟，醒发后敲打面团，挤出面团中的气泡。

3
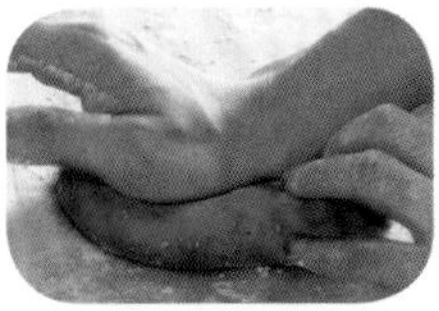

反复揉搓面团。

4
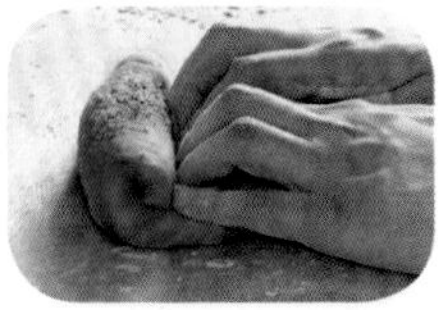

将面团擀成 25 厘米长的长条形，从上向下卷起，呈圆柱形面包坯。

5
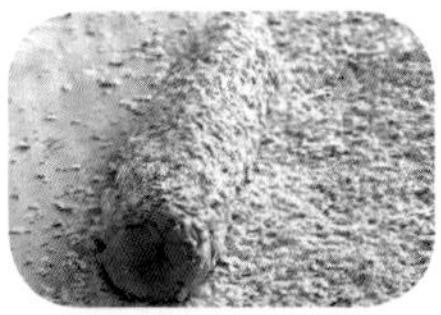

在面包坯表面均匀地撒上燕麦片。

6

用刀片在表面划 2 个刀口，放入醒发箱，待完全醒发后，放入烤箱中，以 180℃烘烤 30 分钟至面包上色均匀，取出即成。

牛角包

食材

高筋面粉	250 克
黄油 1	25 克
黄油 2	60 克
盐	2.5 克
酵母粉	4 克
鸡蛋	1 个
细砂糖	25 克
水	适量

制作过程

1 

容器中注入热水，将黄油 1 隔水熔化。

2 

将过筛的高筋面粉放入容器中，加入水、酵母粉、细砂糖、盐、鸡蛋、黄油 1 搅拌均匀，揉成光滑的面团，盖上保鲜膜，放入冰箱醒发 20 分钟。

3 

取黄油 2 放在烘焙纸上，用力擀成长方形的黄油片，然后放入冰箱冷藏。

4 

将面团擀成厚度为 3 毫米左右的长方形面片，再将黄油片放在面片的中间，然后将四个角都向中间叠起，接着擀成长方形面片，叠成三层，包上保鲜膜，放入冰箱静置 15 分钟。这样的步骤需要重复三次。

5 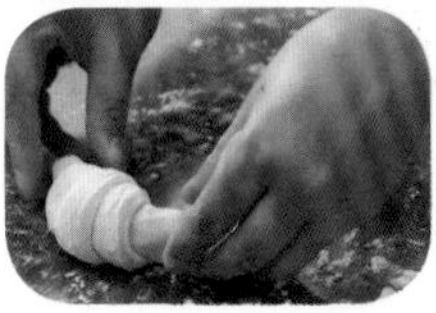

面片擀成长方形后，先切成三角形，然后在三角形面片的底边中间处划一个小口，再慢慢卷起，做成牛角形状，静置 20 分钟。

6 

将牛角包表面刷蛋液，放入预热好的烤箱，上下火 200℃烤 15 分钟即可出炉。

小贴士

注意牛角包的折叠要重复三次，并且每一次都要把边压好，防止黄油被挤出来。

肉松面包

小贴士

想要面包的口感更加松软，一定要将面揉出筋膜才可以。

食材

高筋面粉	250 克
肉松	100 克
黄油	25 克
鸡蛋	1 个
水	适量
酵母粉	4 克
细砂糖	30 克
沙拉酱	40 克
奶粉	15 克

制作过程

1
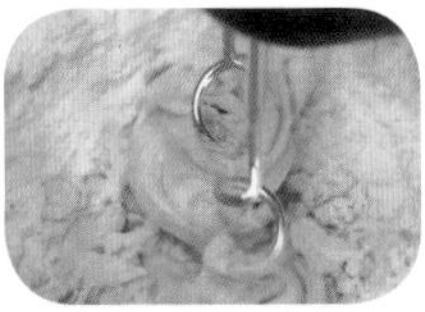

将过筛的高筋面粉倒入搅拌机中，放入细砂糖、奶粉、酵母粉搅拌均匀后放入鸡蛋和适量的水搅拌成光滑的面团。

2

将揉好的面团放在案板上，反复揉搓，再将黄油分三次加入面中揉匀，然后发酵 1.5 ~ 2 小时。

3
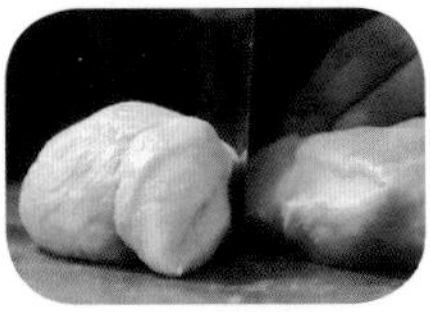

将发酵好的面团放在案板上，进行按压排气，然后揉成面团，分成四等份，分别揉圆。

4
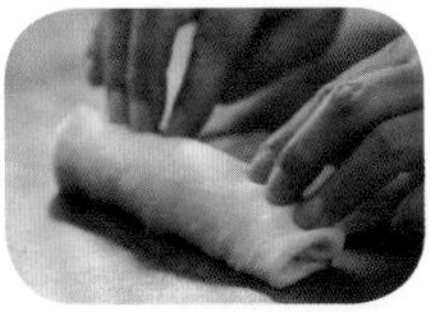

把四个面团分别擀成椭圆形面片，然后由上向下卷起，两边收口，滚呈椭圆形。

5
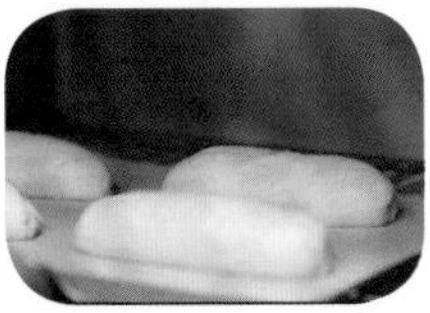

做好的面包坯放在铺好烘焙纸的烤盘上，二次发酵 40 分钟，然后放入预热好的烤箱，以 170℃烤 10 分钟。

6

烤熟的面包取出晾凉，然后先刷上一层沙拉酱，再撒上一层肉松就可以品尝美味了。

手撕辫子面包

食材

高筋面粉	250 克
奶粉	30 克
细砂糖	30 克
酵母粉	4 克
牛奶	110 克
盐	1.5 克
黄油	25 克
鸡蛋	1 个

制作过程

1

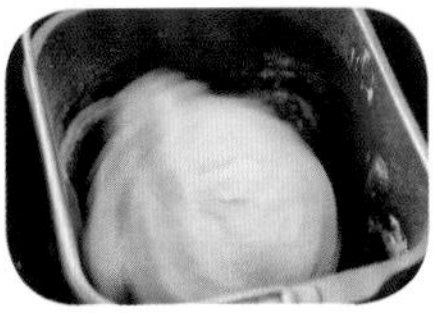

将奶粉、酵母粉、细砂糖、盐、鸡蛋、牛奶、黄油放入过筛的高筋面粉中搅拌成光滑不粘手的面团。

2

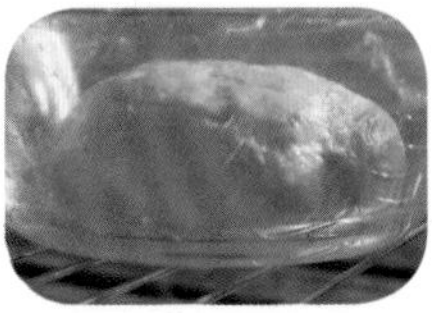

将面团放入烤箱中发酵，待面团发酵成原来的 1.5 ~ 2 倍大时取出。

3

发好的面团分成均匀的三等份，然后将面团分别擀成长方形面片，再沿着长的一端慢慢卷起，卷成圆柱形后盖上保鲜膜，醒发 15 分钟。

4

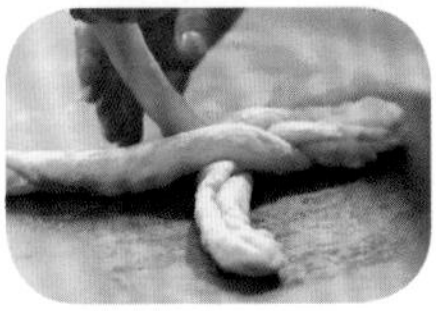

将醒发好的三根面坯的一端捏紧，然后就像编辫子一样编起来，编到底部时将其捏紧。

5

编好的面包坯放在铺好烘焙纸的烤盘上，放入烤箱二次发酵 30 分钟。

6

发酵好的面包坯上刷上蛋液后放入预热好的烤箱，以上下火 180℃烤 20 分钟即可。

小贴士

根据自家的烤箱控制温度，如果怕面包表面上色太深，上面可以盖一层锡纸。

巧克力甜甜圈

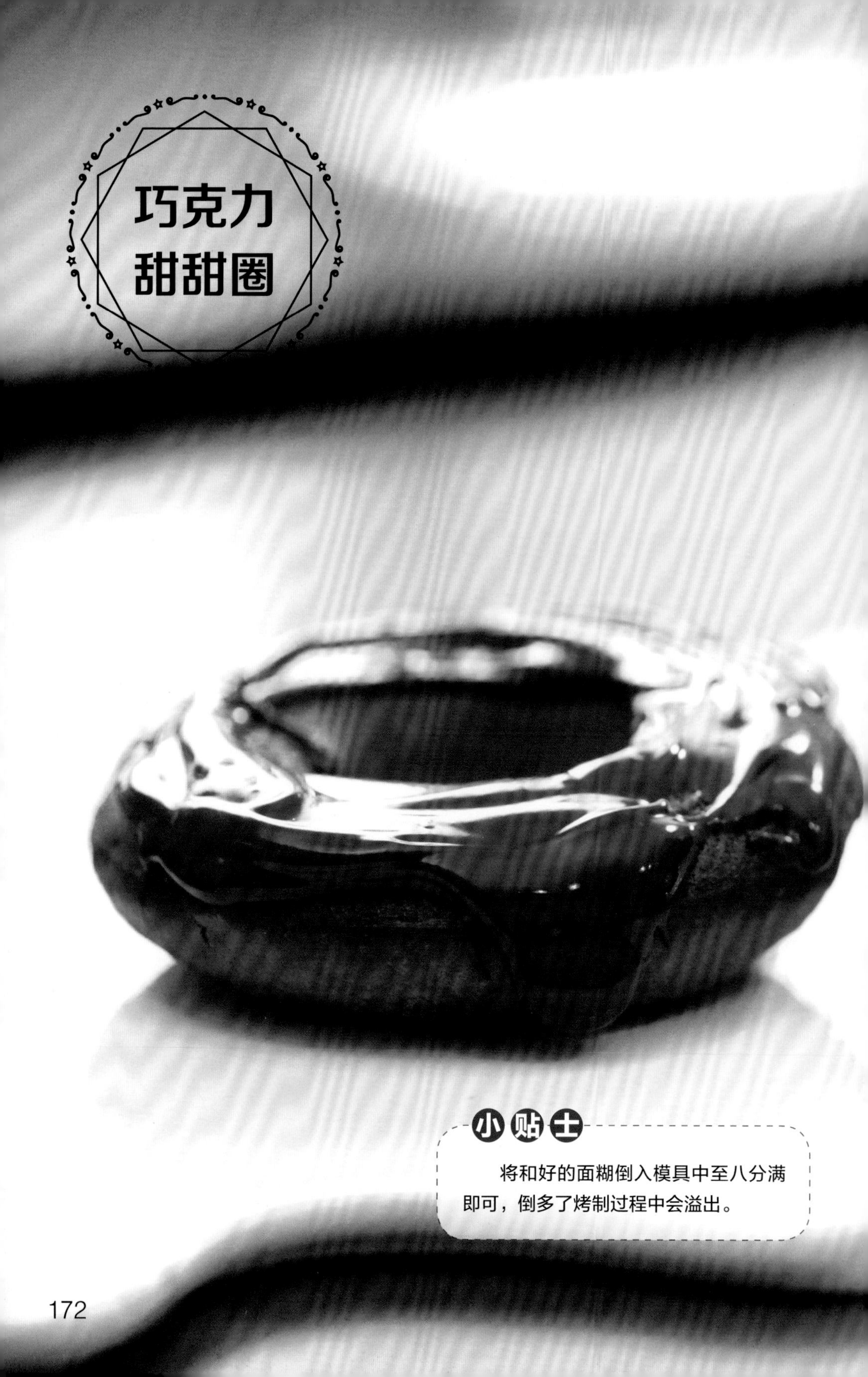

小贴士

将和好的面糊倒入模具中至八分满即可，倒多了烤制过程中会溢出。

食材

高筋面粉	250 克
盐	1.5 克
鸡蛋	1 个
牛奶	110 克
黄油	25 克
巧克力	150 克
泡打粉	3 克
可可粉	15 克
红糖	25 克
柠檬汁	10 克
香草精	3 克

制作过程

1 

将高筋面粉、泡打粉、可可粉过筛到容器中，倒入牛奶、鸡蛋、黄油、盐、红糖、柠檬汁、香草精，搅拌均匀。

2 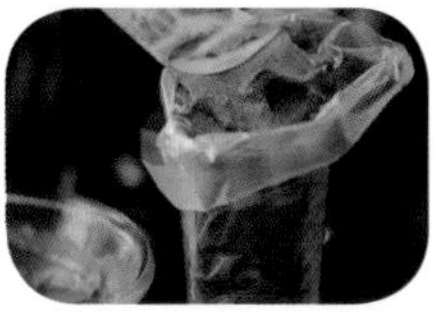

面糊装入装裱袋中。

3 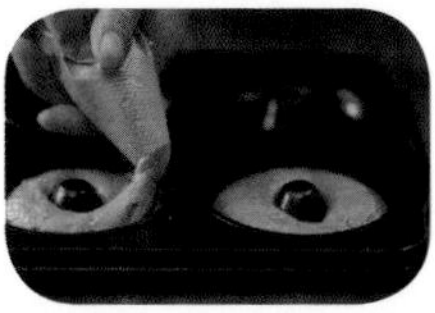

面糊挤入模具中，挤至八分满即可。

4 

放入烤箱上下火，以 220℃烤 8 分钟；拿出晾凉。

5 

容器中注入热水，将巧克力隔水熔化。

6 

将熔化的巧克力用勺子抹在烤好的饼坯上，晾凉即可享用。

奶酪包

食材

高筋面粉	250 克
黄油	25 克
细砂糖 1	30 克
细砂糖 2	20 克
酵母粉	4 克
盐	1.5 克
糖粉	30 克
奶粉 1	30 克
奶粉 2	30 克
奶粉 3	30 克
牛奶 1	110 克
牛奶 2	10 克
鸡蛋	1 个
奶油奶酪	100 克

制作过程

1 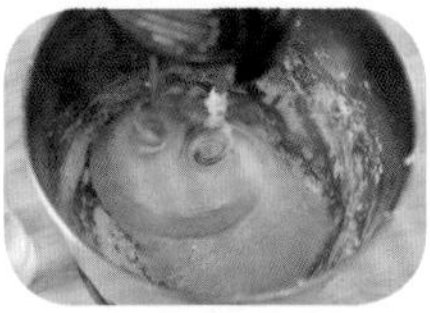

将过筛的高筋面粉放入容器中，加入细砂糖 1、奶粉 1、盐、酵母粉、鸡蛋、黄油、牛奶 1 搅拌成光滑不粘手的面团，发酵 1.5~2 小时。

2 

发酵好的面团是原来面团的 1.5 ~ 2 倍大，取出面团排空气体后揉成圆形面团，放在铺好烘焙纸的烤盘上。

3 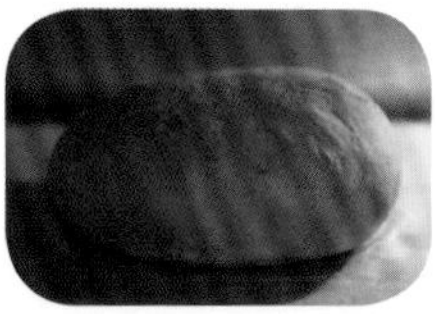

放入预热好的烤箱，上下火 170℃烤 30 分钟。

4 

烤好的面包取出晾凉，切成四份。

5 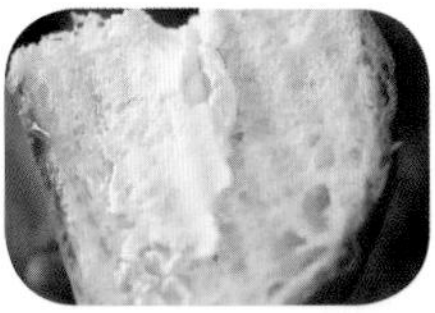

将牛奶 2、细砂糖 2、奶粉 2、奶油奶酪混合，搅拌均匀，涂抹在面包上。

6 

将面包蘸满奶粉 3 和糖粉的混合粉即可。

小贴士

制作奶酪馅的时候可以根据自己的喜好增减奶酪；面包烤制的时间要足，确保面包完全熟透再取出晾凉。

百吉饼

食材

高筋面粉	320 克
低筋面粉	40 克
黑麦粉	40 克
木糖醇	12 克
盐	8 克
酵母粉	6 克
水	240 克

制作过程

1 将高筋面粉、低筋面粉、黑麦粉、盐、木糖醇、酵母粉放入搅拌机内，以慢速挡慢慢加入水搅拌成面团，再改用快速挡搅拌 10 分钟至面团光滑后取出。

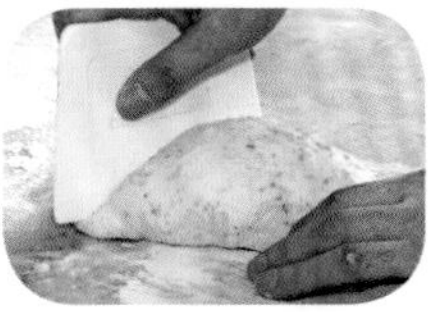

2 将面团分成每 35 克一个的小面团。

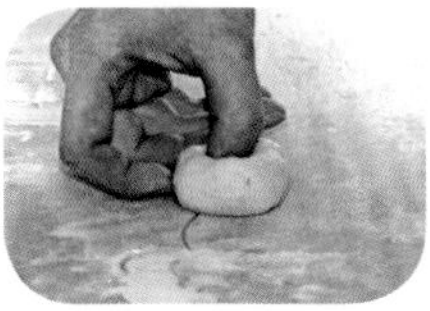

3 用手指将面的中间用力压下去。

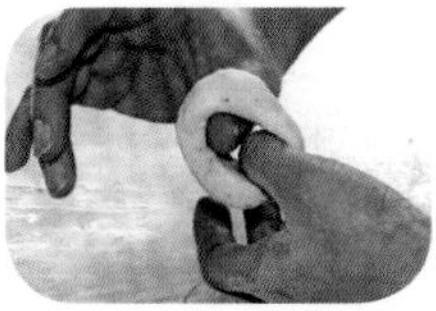

4 成型后类似面包圈形，放在烤盘上，放入速冻冰箱冷冻 2 小时。

5 锅中加入水，待水烧至略开时离火，将百吉饼加入水中浸泡约 2 分钟。

6 取出后放在烤盘上，放入烤箱，170℃烘烤 30 分钟至上色后取出即成。

可可蔓越莓面包

食材

高筋面粉	300 克
黑麦粉	80 克
可可粉	28 克
蔓越莓干	56 克
黄油	24 克
酵母粉	6 克
s-500 面包改良剂	5 克
盐	3 克
水	320 克

制作过程

1 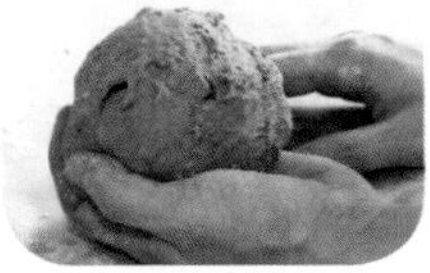

将高筋面粉、黑麦粉、可可粉、酵母粉、s-500 面包改良剂、盐放入搅拌机内，以慢速挡慢慢加入水搅拌成面团，再改用快速挡搅拌 12 分钟，然后用慢速挡加入黄油和蔓越莓干至面团光滑后取出。

2 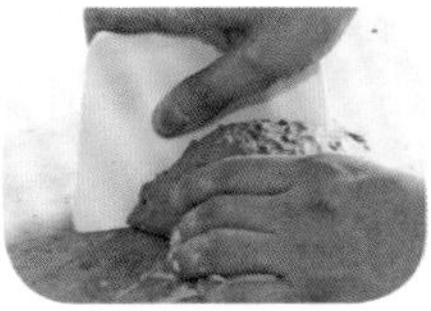

将面团分成两个小面团。

3 

表面覆盖保鲜膜，醒发 30 分钟。

4 

挤出面团中的气泡，将面搓成半圆形，放入醒发箱。

5 

待完全醒发后，表面切一个十字刀口。

6 

放入烤箱打蒸汽，180℃烘烤 30 分钟至面包上色均匀后取出即成。

意大利圣诞面包

食材

高筋面粉	750 克
低筋面粉	200 克
盐	3 克
木糖醇	10 克
黄油	140 克
酵母粉	16 克
杂果皮	200 克
葡萄干	200 克
朗姆酒	40 克
蛋黄	6 个
水	450 克

制作过程

1 

将杂果皮、葡萄干放入盘中，加入朗姆酒浸泡 12 小时备用。

2 

将不锈钢调料桶内刷上黄油，撒上少许高筋面粉备用。

3 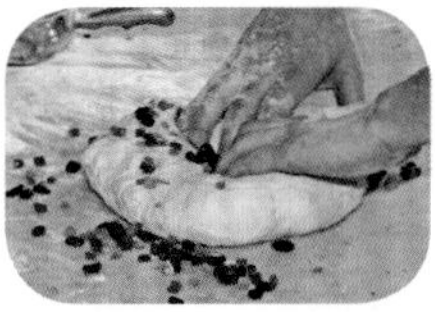

将高筋面粉、低筋面粉、盐、木糖醇、酵母粉混合，慢慢加入水、蛋黄和成面团，加入黄油、杂果皮和葡萄干揉搓至面团光滑。

4 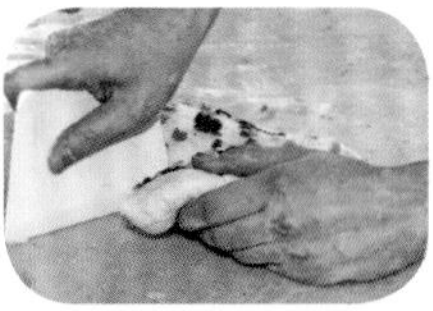

将面团分成两份。

5 

揉搓成圆形，放入不锈钢调料桶内。

6 

送入醒发箱，待完全醒发后，表面刷上黄油，放入烤箱，180℃烘烤 40 分钟至上色取出，表面撒高筋面粉。

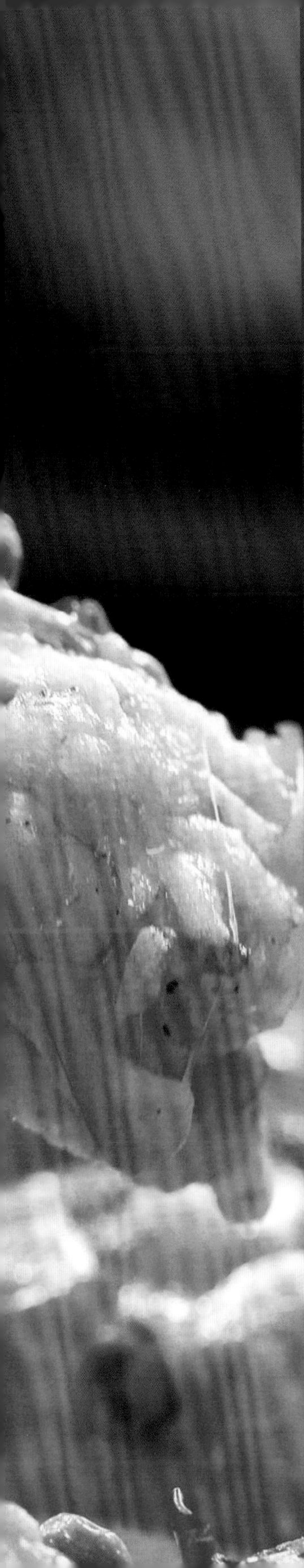

美味派、比萨

水果比萨

食材

高筋面粉	200 克
细砂糖	40 克
盐	2 克
酵母粉	2 克
奶粉	8 克
鸡蛋	1 个
水	72 克
黄油	30 克
红豆沙	85 克
番茄酱	28 克
黄桃粒	18 克
玉米粒	22 克
菠萝粒	28 克
沙拉酱	16 克
芝士丝	22 克

制作过程

1

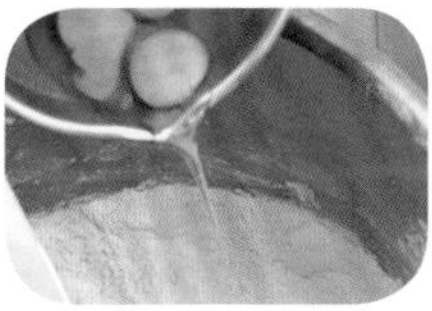

将高筋面粉、细砂糖、酵母粉、奶粉倒进盆中，搅匀后加入鸡蛋和水，先搅匀，再快速搅拌，打至面团光滑。

2

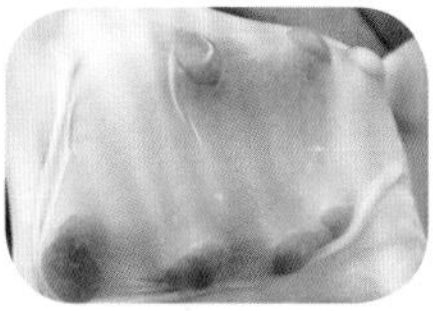

加入黄油、盐，打至面筋完全扩展，用手可拉成透明薄膜状。

3

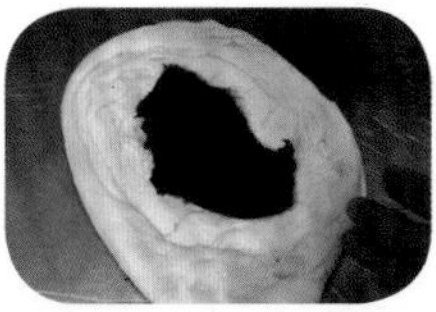

将面团搓圆，盖上保鲜膜，在常温下静置 40 分钟后包入红豆沙做成饼坯。

4

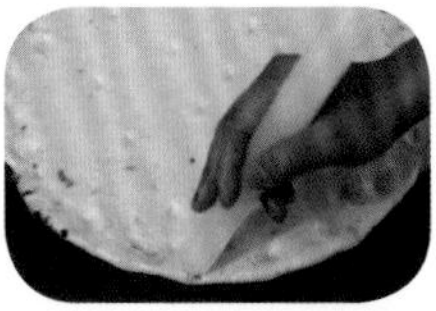

将饼坯做成和烤盘一样大小的圆饼，表面用擀面杖均匀地按压几下，入发酵箱，发酵温度为 30℃，湿度为 75% ~ 85%，发至两倍大。

5

表面刷蛋液，挤上番茄酱，放入黄桃粒、玉米粒和菠萝粒，挤上沙拉酱，铺上芝士丝，放入烤箱中，以上火 210℃、下火 170℃烘烤 8 分钟至表面呈金黄色。

6

冷却后平均切成八份即可。

鸡肉酥皮派

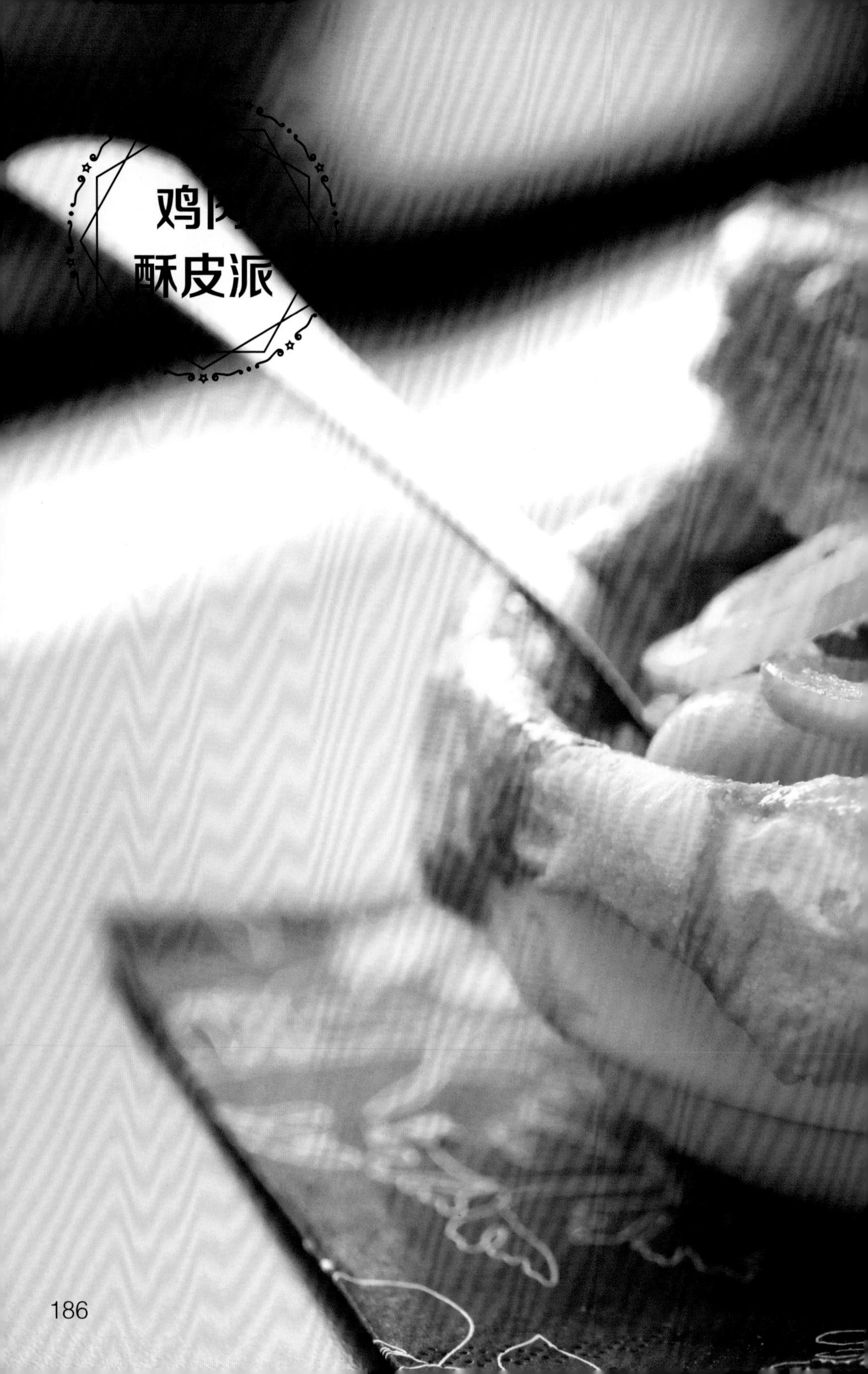

食材

低筋面粉	100 克
鸡胸肉	150 克
胡萝卜丁	100 克
土豆丁	150 克
青椒圈	50 克
大蒜	适量
细砂糖	20 克
酵母粉	3 克
水	适量
奶粉	10 克
黄油	50 克
蚝油	5 克
黑胡椒酱	3 克
鸡蛋	1 个
盐 1	3 克
盐 2	2 克
植物油	适量

制作过程

1

将黄油用烘焙纸包裹擀压成长方形薄片，放冰箱冷藏备用。

2

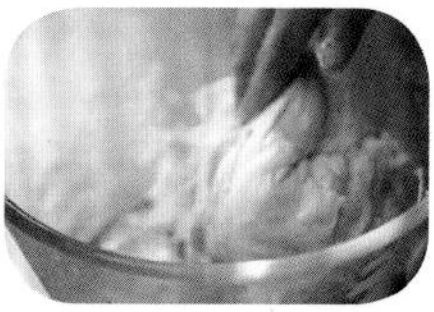

低筋面粉放入容器中，放入细砂糖、奶粉、酵母粉、盐 1 搅拌均匀后，磕入鸡蛋搅拌成光滑不粘手的面团，醒发 20 分钟。

3

醒发好的面团擀成长方形面片，将黄油片取出放在面片的中间，再将面片的四个角都向中间叠起。

4

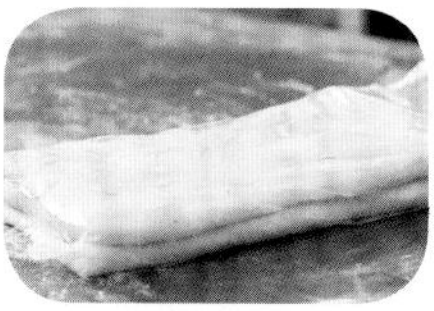

用擀面杖将叠好的长方形面片擀成长方形，然后将面皮叠成三层，用保鲜膜包裹好放入冰箱冷藏 20 分钟。

5

鸡胸肉切丁后焯水，去除鸡肉的腥味。

6

剥好的大蒜切成两半。

7

胡萝卜丁、土豆丁用清水煮成八分熟。

8

锅中放入植物油，先将大蒜炒至金黄，再放入鸡丁、胡萝卜丁、土豆丁翻炒均匀，然后加入适量的水炖煮 2 ~ 3 分钟。

9

放入蚝油、黑胡椒酱、盐 2 进行调味，再放入青椒圈翻炒均匀，盛到容器中备用。

10

取出面片擀成长方形后根据容器的大小切成需要的形状，盖在鸡肉上。

11

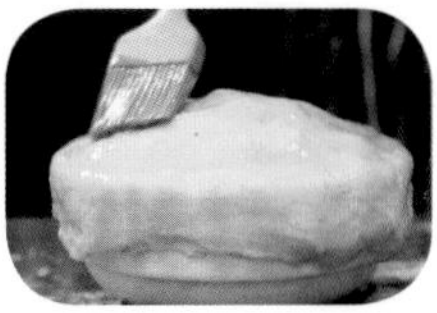

刷上蛋液，放入预热好的烤箱，上下火 180℃，烤 20 分钟。

小贴士

吃货们可以购买速冻的酥皮，馅料炒好后盖上酥皮，一定要刷一层蛋液，口感会更好。

酥皮苹果派

食材

低筋面粉	150 克
水淀粉	5 克
苹果	2 个
肉桂粉	3 克
盐	2 克
柠檬汁	5 克
黄油 1	50 克
黄油 2	30 克
鸡蛋	1 个
细砂糖 1	50 克
细砂糖 2	30 克
水	适量

制作过程

1

容器中加入热水，黄油 1 隔水熔化。

2
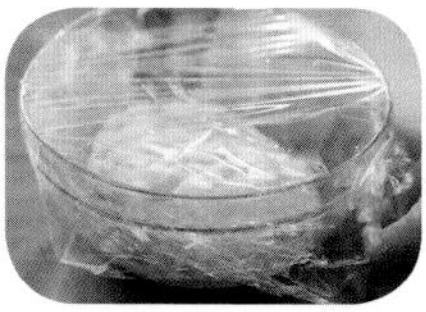
低筋面粉中放入细砂糖 2、熔化的黄油 1、盐、鸡蛋和适量的水搅拌均匀后揉成光滑不粘手的面团，覆保鲜膜醒发 2 小时。

3

苹果去皮切成小丁。

4

锅中放入黄油 2，加热使黄油完全熔化，放入苹果丁，翻炒至苹果变软。

5

放入细砂糖 1 继续翻炒至糖全部溶化。

6

放入肉桂粉、柠檬汁、水淀粉翻炒入味。

7

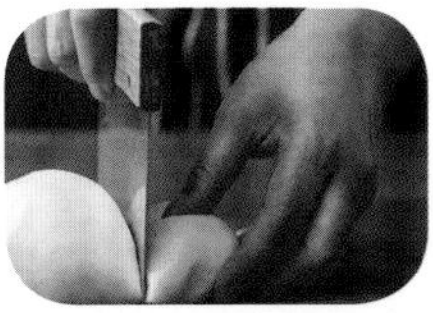

把醒发好的面团分成大小两份，先将大的面团擀成圆形饼坯。

8

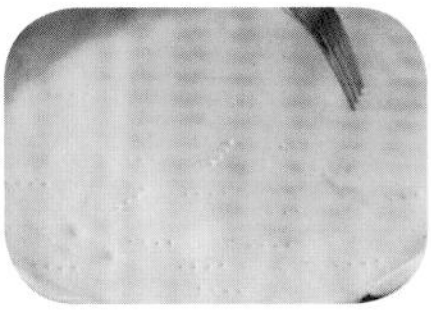

模具中抹上薄薄的一层黄油，然后将饼坯放到模具中铺好，再用叉子扎数个小孔。

9

炒好的苹果倒在饼坯上铺匀。

10

将剩下的小面团擀成圆形薄饼，再用刀切成 1 厘米宽的长条。

11

将切好的面条横竖交错地摆在苹果馅上，然后刷一层蛋液。

12

放入预热好的烤箱，160℃，烤 35 分钟左右。

小贴士

制作苹果馅料时一定要将细砂糖炒至棕褐色再倒入苹果丁，加入肉桂粉然后继续炒至苹果完全软烂。

辣味鸡腿派

食材

鸡腿丁	150 克
洋葱碎	50 克
香菇丁	80 克
卷心菜丁	50 克
番茄丁	20 克
辣椒酱	10 克
盐	5 克
橄榄油	30 克
生咸派底面	200 克
鸡蛋	1 个

制作过程

1

平底锅置电磁炉上，加入橄榄油烧热，再加入洋葱碎、鸡腿丁，翻炒均匀，再加入香菇丁、卷心菜丁和番茄丁，炒出香味。

2

调入辣椒酱和盐，做成馅料。

3

将生咸派底面放在案板上，用擀面杖擀成厚约 0.2 厘米的面片。

4

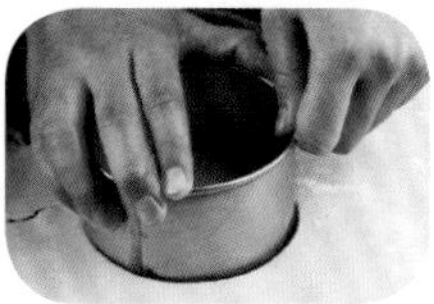

用直径约 8 厘米圆形模具压成圆形面片。

5

馅料摆入圆形面片的中心位置。

6

对折过来，包成饺子的形状，表面刷上蛋液，放入预热的烤箱内，用 210℃烘烤 15 分钟至表面呈金黄色，取出即成。

鳕鱼
芝士派

食材

鳕鱼片	250 克
柠檬汁	10 克
法香碎	2 克
盐	5 克
植物油	40 克
生咸派底面	200 克
鸡蛋	1 个

制作过程

1

不锈钢盆内放入鳕鱼片，用柠檬汁拌匀备用。

2

平底锅置电磁炉上加热，加入植物油烧热，再加入鳕鱼片，撒上盐，用慢火煎至鱼片熟透，然后放入法香碎、盐，翻炒至入味，做成馅料。

3
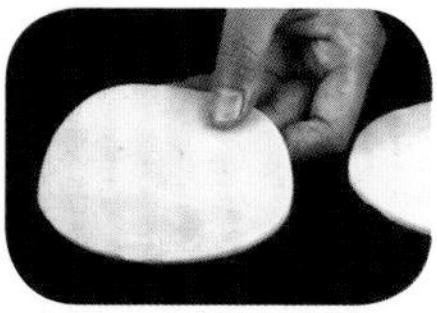

生咸派底面擀压成 0.2 厘米厚的面片，再用模具压成直径约 10 厘米的圆片。

4

馅料摆入圆形面片中央。

5
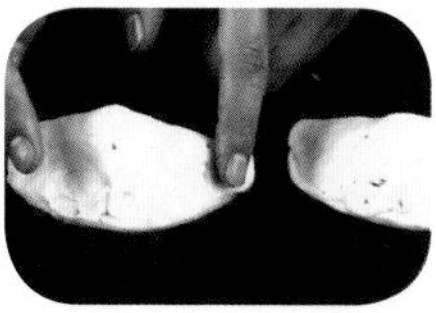

对折后捏合，做成饺子形状。

6

表面刷上蛋液，放入预热的烤箱中，用 210℃烘烤 12 分钟，取出即成。

鲜虾比萨

小贴士

虾要提前腌制一会儿；面饼放入烤盘后要用叉子扎成若干个小孔，防止烤制时面饼膨胀。

食材

高筋面粉	105 克
低筋面粉	45 克
黄油	10 克
盐	2 克
细砂糖	30 克
酵母粉	3 克
温水	60 克
熟虾仁	250 克
青豆	50 克
红椒丁	10 克
黄椒丁	10 克
马苏里拉奶酪丝	150 克
番茄酱	适量

制作过程

1

将酵母粉放入温水中溶化发酵至起蓬松的泡沫就可以用了，注意水温不能超过 36℃。

2

将黄油隔水加热熔化。

3

将高筋面粉、低筋面粉、盐、细砂糖放入容器中混合均匀，倒入熔化好的黄油，倒入酵母粉水，将面粉搅拌均匀揉成光滑的面团，包上保鲜膜醒发 20 分钟。

4

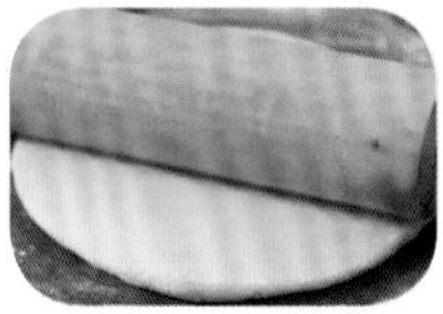

将面团放在案板上排气，用擀面杖将面团擀成比比萨盘稍大一些的圆形饼坯。

5

将饼坯放在比萨盘中，用叉子在饼坯上扎一些小孔，然后放入烤箱中进行二次发酵 30 分钟；取出饼坯，均匀地刷上番茄酱。

6

撒上一层马苏里拉奶酪丝，摆上熟虾仁、青豆、红椒丁、黄椒丁，最后再撒一层奶酪丝；将比萨放入预热好的烤箱中，200℃烘烤 15 分钟左右即可。

Pints

甜心糖果

巧克力牛轧糖

食材

细砂糖	620 克
葡萄糖浆	180 克
水	240 克
薰衣草蜜	760 克
蛋清	200 克
可可酱砖	520 克
去皮烤榛子	500 克
烤杏仁	500 克
开心果	500 克

制作过程

1 

将细砂糖、葡萄糖浆、水熬至 170℃。

2 

将蛋清打至中性发泡。

3 

将加热的薰衣草蜜加入“步骤 1”的材料中，拌匀后再倒入“步骤 2”的材料中，边快速搅拌，边用热风枪加热打蛋桶。

4 

将可可酱砖熔化，加入“步骤 3”的材料中。

5 

拌匀后加入坚果，继续拌匀，取出放入 15×10 厘米的模具中擀压定型。

6 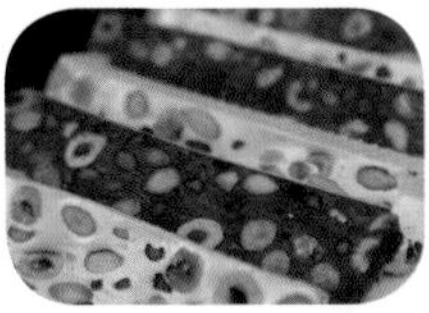

晾凉后切成喜欢的大小，可包上糖纸，装入盒子中密封保存。

棉花糖

食材

玉米淀粉	300 克
温水	100 克
明胶液	25 克
白醋	3 克
水 1	4 克
水 2	100 克
细砂糖	200 克
葡萄糖粉	100 克
麦芽糖	150 克
色素	1 滴

制作过程

1

将玉米淀粉在预热 100℃的烤箱里烘烤 5 分钟，铺平在桌子上备用；将水 1、细砂糖、葡萄糖粉、麦芽糖放入锅中煮沸，转小火煮至 112℃熄火冷却至 80℃。

2

加入明胶液。

3

加入喜欢的色素，1 滴即可。

4

将上述材料放入搅拌盆中，快速搅打至硬性发泡状（约 7 分钟），加入白醋和水 2 搅拌均匀（起稳定作用）。

5

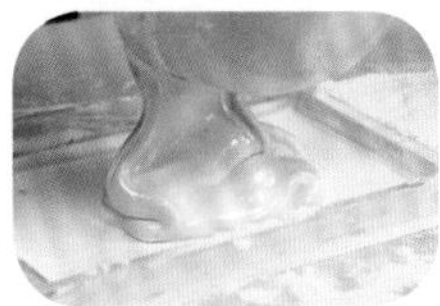

倒入预先铺好的玉米淀粉上。

6

冷却 8 分钟，用模具压出喜欢的图案即可。

树莓棉花糖

食材

水 1	225 克
水 2	300 克
葡萄糖浆	110 克
细砂糖 1	1000 克
蛋清	130 克
吉利丁粉	50 克
树莓果蓉	260 克
细砂糖 2	适量
罂粟香精	2 克

制作过程

1
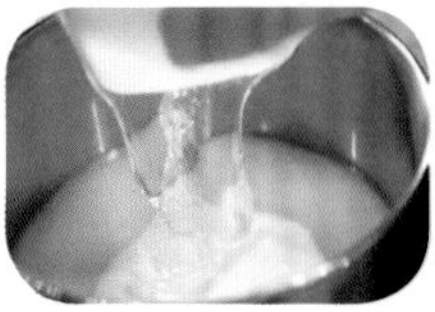

将水 1、葡萄糖浆、细砂糖 1 混合熬至 126℃；吉利丁粉放入水 2 中溶解后倒入锅中，拌匀。

2
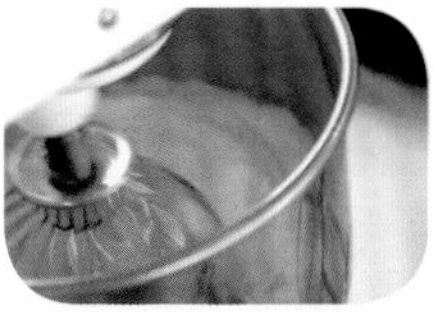

将蛋清打至中性发泡。

3

将罂粟香精加入树莓果蓉中，放入微波炉中加热。

4

将“步骤 1”的材料加入打发的蛋白中，再加入树莓果蓉混合物。

5

持续搅打降至常温。

6
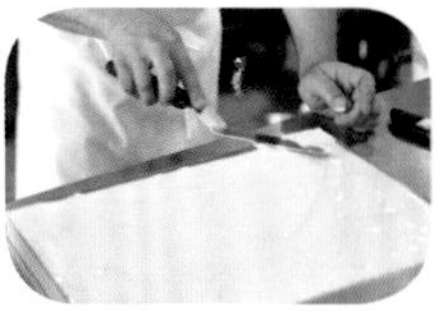

将上述材料倒入框架模具中，表面抹平后冷藏定型，根据需要切成想要的大小，再粘上细砂糖 2 即可。

杏仁巧克力

食材

牛奶巧克力	900 克
烤无皮杏仁	500 克
杏仁碎	300 克
杏仁酱	100 克
糖粉	适量
巧克力	适量
可可粉	适量
朗姆酒	适量

制作过程

1

将牛奶巧克力隔水熔化；烤无皮杏仁打成杏仁粉，将两者倒入搅拌桶内。

2

倒入杏仁碎、杏仁酱、朗姆酒，搅拌均匀成粉团。

3

操作台上撒上过筛糖粉，将粉团搓成长条状。

4

切成小块，搓圆即可。

5

将圆球放在烤盘中，放入冰箱冷藏降温。

6

拿出后放入熔化的巧克力中滚一圈，再裹一层可可粉即可。

拐杖糖

食材

细砂糖	600 克
葡萄糖浆	180 克
盐	4 克
冷水	适量
草莓色膏	适量

制作过程

1 

将细砂糖、葡萄糖浆、盐混合煮至152℃，将锅体放置冷水中浸泡 30 秒，取出五分之四拉制成白色糖体。

2 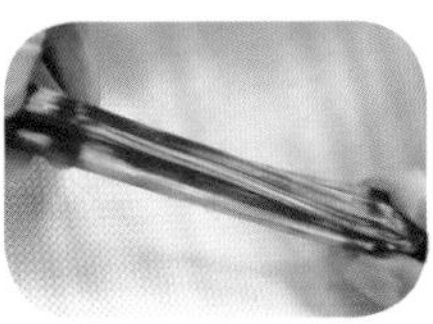

将剩余的糖液倒在高温垫上，加入草莓色膏，拉制出红色糖体。

3 

将两种颜色糖体并列拉制成长条状，放置在高温垫上。

4 

右手向上左手向下滚动糖条。

5 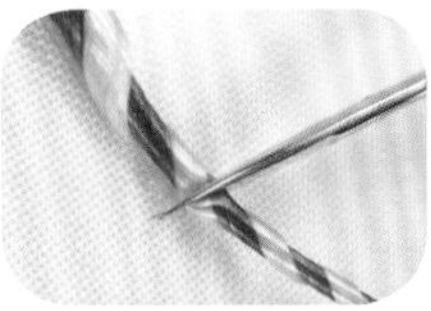

用剪刀剪出适当的长度。

6 

将糖条一段弯曲，制作出拐杖形。

其他烘焙

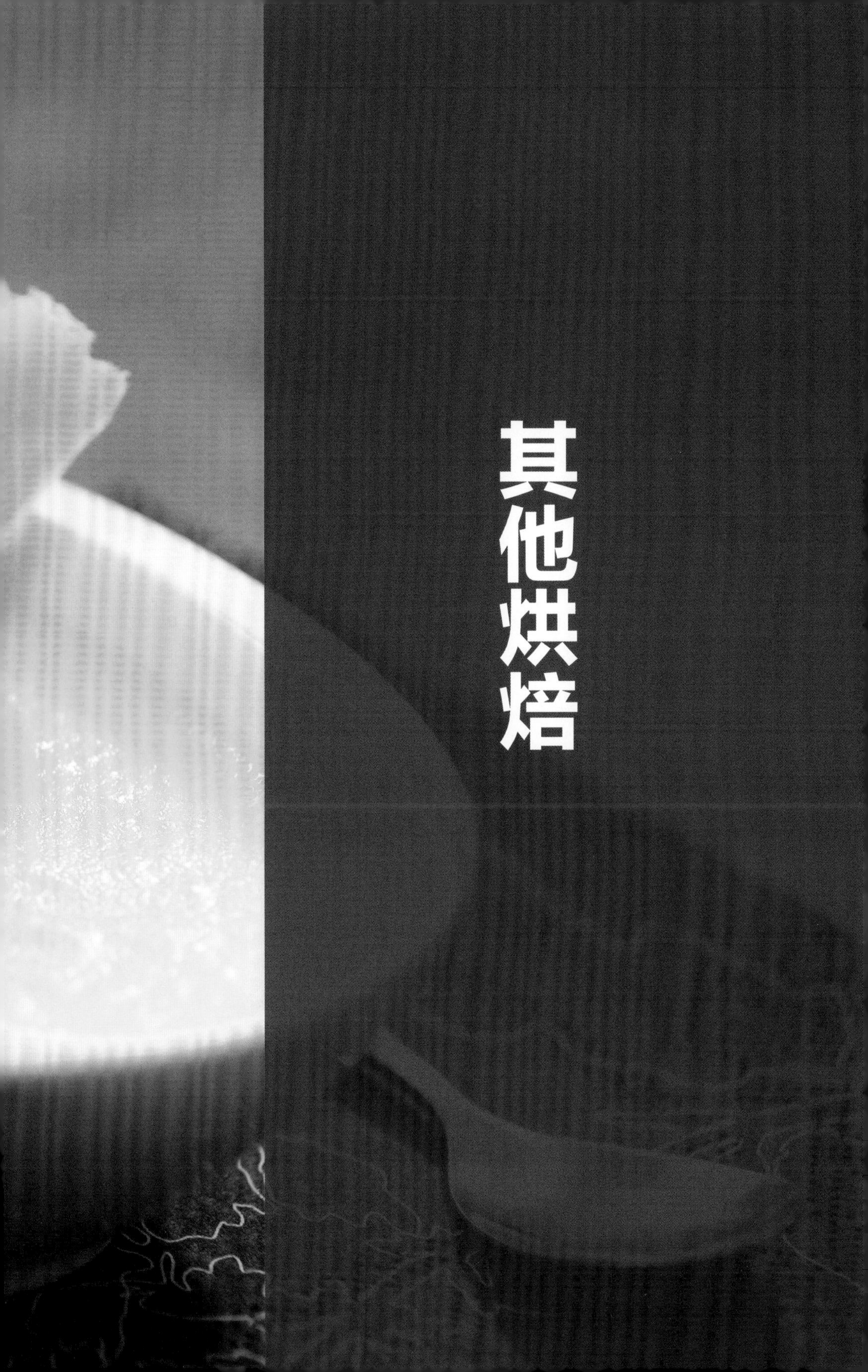

酥皮泡芙

小贴士

吃货们可以根据自己的口味加入不同的奶油馅料；烤制时不要随意打开烤箱门，否则泡芙表面会塌陷。

食材

低筋面粉 1	40 克
低筋面粉 2	55 克
黄油 1	40 克
黄油 2	40 克
红糖	5 克
淡奶油	适量
牛奶	100 克
盐	2 克
红曲粉	5 克
细砂糖	20 克
鸡蛋	5 个

制作过程

1

室温软化的黄油 1 中加入细砂糖，搅拌均匀，再加入盐和牛奶搅拌均匀，然后筛入低筋面粉 1 继续搅拌均匀。

2

将调好的液体过滤到锅中；开小火加热，并迅速搅拌成均匀黏稠的面糊，然后盛入碗中。

3

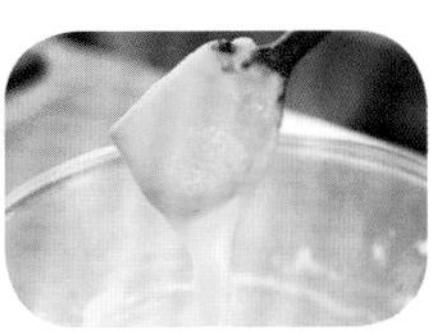

分三次加入鸡蛋，搅拌均匀。

4

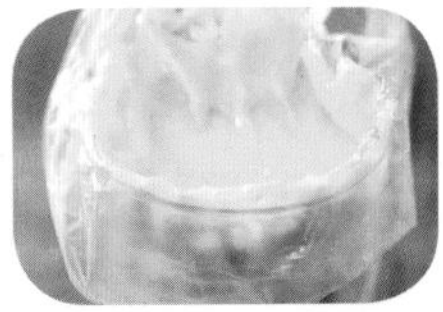

将面糊装入裱花袋中。

5

黄油 2 和红糖搅拌均匀后筛入红曲粉和低筋面粉 2，搅拌均匀。

6

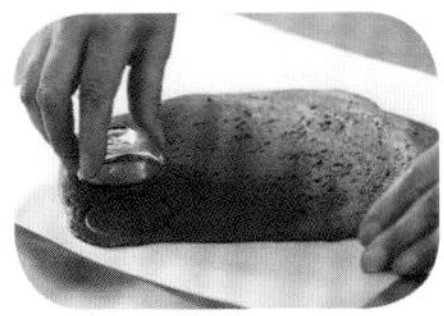

将面团放在两张油纸的中间，然后擀成 2 ~ 3 毫米厚的面片，再用直径为 2 厘米左右的模具压成若干个圆形的小面片，放入冰箱中冷藏 30 分钟。

7

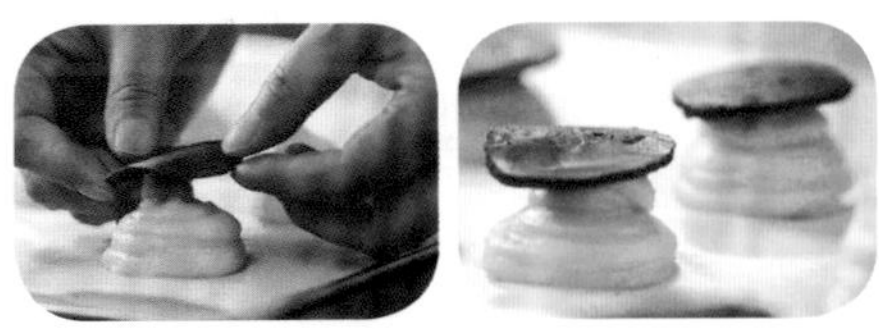

把裱花袋中的面糊挤成 2 ~ 3 厘米大小的小面团，再盖上做好的红曲面片；放入预热好的烤箱，以上下火 180℃烤 30 分钟。

8

烤好的泡芙中挤入打发的淡奶油，也可以选择卡仕达酱、冰激凌等自己喜欢的馅料。

酥皮蛋挞

小贴士

做蛋挞皮时，黄油不能太硬也不能太软，黄油太硬在擀挞皮时容易将挞皮扎破，黄油太软容易呈液态不好操作；制作挞皮速度要快些；每一次挞皮折叠好后一定要放入冰箱冷藏室松弛 20 分钟；蛋挞液不能放入太多，因为在烤制过程中，蛋挞皮会回缩造成蛋挞液溢出，导致蛋挞制作失败。

食材

高筋面粉	150 克
低筋面粉 1	10 克
低筋面粉 2	75 克
细砂糖	20 克
鸡蛋	2 个
盐	1 克
牛奶	90 克
淡奶油	60 克
黄油 1	50 克
黄油 2	50 克
糖粉	20 克

制作过程

1

将黄油 1、2 分别隔水熔化。

2
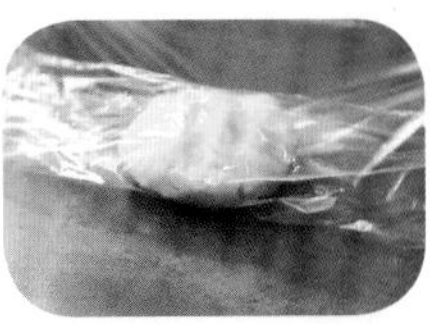

将高筋面粉、糖粉、盐筛入容器中，加入熔化的黄油 1，搅拌均匀成黄油面团，然后用保鲜膜包裹好静置 20 分钟。

3
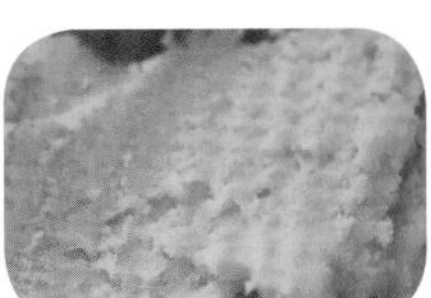

低筋面粉 2 过筛到容器中，放入熔化的黄油 2 搅拌均匀成油酥面团。

4
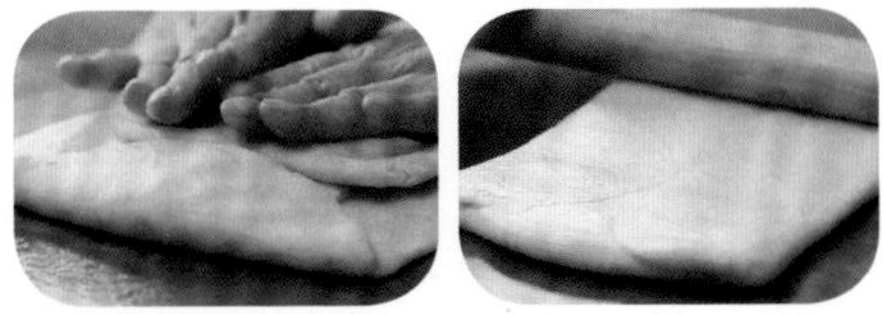

先取出黄油面团擀成长方形面片，再将油酥面团放在黄油皮的中间擀平，然后将黄油皮的四个边角向中间叠起；擀成长方形面片，再将面片切叠成三层，这样的步骤要重复三次，蛋挞皮就做好了。

5

用模具将蛋挞皮压出来，放到蛋挞模具中，用手指以从中间向四周慢慢碾压的方式将蛋挞皮与蛋挞模具完全结合在一起。

6

鸡蛋中加入细砂糖，搅拌均匀至细砂糖全部溶化；倒入淡奶油、牛奶，筛入低筋面粉 1，搅拌均匀后放入盛有开水的容器中隔水加热。

7

将蛋挞液过滤，再加入做好的蛋挞皮中，然后放入预热好的烤箱中采取下火加热的方式，以 180℃烤 25 分钟即可。

杧果蛋挞

小贴士

烤制蛋挞时要根据自家的烤箱特点适当地调节温度的高低，防止蛋挞的表面烤焦。

食材

高筋面粉	150 克
低筋面粉 1	75 克
低筋面粉 2	10 克
杧果	2 个
盐	1 克
糖粉	20 克
黄油 1	50 克
黄油 2	50 克
细砂糖	20 克
牛奶	90 克
淡奶油	60 克
鸡蛋	2 个

制作过程

1

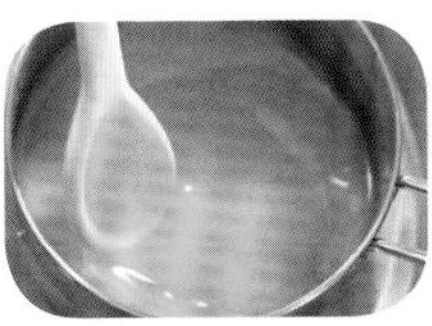

容器中倒入热水，黄油 1、2 分别隔水加热至其完全熔化。

2

将高筋面粉、糖粉、盐筛入容器中，加入熔化的黄油 1，搅拌均匀成黄油面团，然后用保鲜膜包裹好静置 20 分钟；低筋面粉 1 过筛到容器中，放入熔化的黄油 2 搅拌均匀成油酥面团。

3

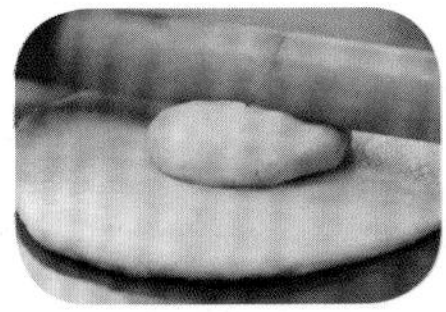

先取出黄油面团擀成长方形面片，再将油酥面团放在黄油皮的中间擀平，然后将黄油皮的四个边角向中间叠起；擀成长方形面片，再将面片切叠成三层，这样的步骤要重复三次，蛋挞皮就做好了。

4

用模具将蛋挞皮压出来，放到蛋挞模具中，用手指从中间向四周慢慢碾压的方式将蛋挞皮与蛋挞模具完全结合在一起。

5

鸡蛋中加入细砂糖，搅拌均匀至糖全部溶化，倒入淡奶油、牛奶，筛入低筋面粉 2 搅拌均匀后放入盛有热水的容器中隔水加热。

6

将蛋挞液搅拌均匀后过滤到容器中；杧果切成小颗粒，放入蛋挞中，再倒入蛋挞液，放入预热好的烤箱，采用下加热 180℃，烤 25 分钟即可。

抹茶红豆酥

小贴士

将油皮面团的表面揉至光滑后用保鲜膜包裹松弛 25~30 分钟，馅料中也可以根据个人口味加入枣泥。

食材

低筋面粉 1	100 克
低筋面粉 2	150 克
抹茶粉	15 克
细砂糖	15 克
水	适量
黄油 1	50 克
黄油 2	50 克
蜜豆	200 克

制作过程

1

容器中倒入热水，将黄油 1、2 分别隔水熔化。

2

低筋面粉 2 筛入容器中，加入细砂糖、熔化的黄油 1、适量的水搅拌均匀后揉成光滑的面团，静置 20 分钟。

3

将低筋面粉 1 中加入抹茶粉，加入熔化的黄油 2 搅拌均匀后揉成光滑的面团，静置 20 分钟。

4

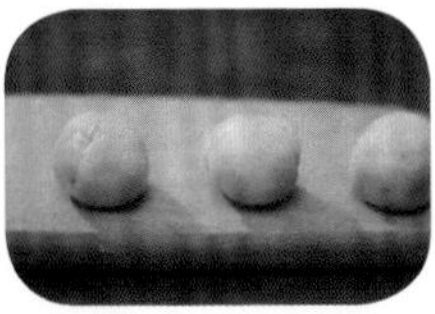

将白色的油皮面团分成若干个 30 克的小面团。

5

将绿色的酥皮面团分成若干个 15 克的小面团，然后将两种颜色的小面团盖上保鲜膜静置 20 分钟。

6

取白色的面团擀成圆形面片，然后将绿色小面团包裹起来，滚圆后收口朝下，擀成牛舌状，再由上向下慢慢卷起，静置 15 分钟；将面卷擀成面片，再由上向下慢慢卷起，静置 15 分钟。

7

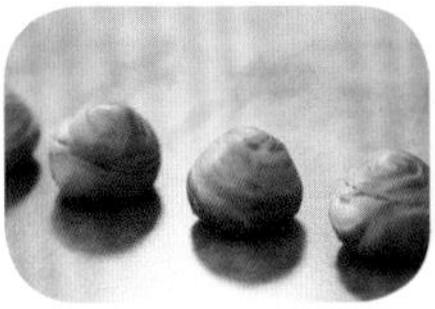

在面卷的中间切一刀，分为均等的两份，然后切面朝上擀成圆形，再将切面朝下放入蜜豆馅包裹严实，滚呈圆形后收口朝下，静置 15 分钟；摆放在铺好烘焙纸的烤盘上，再放入预热好的烤箱中上下火 170℃，烤 15 分钟即可。

焦糖
腰果酥

食材

低筋面粉	100 克
腰果	100 克
细砂糖 1	25 克
细砂糖 2	70 克
黄油	52 克
鸡蛋	1 个
水	180 克

制作过程

1 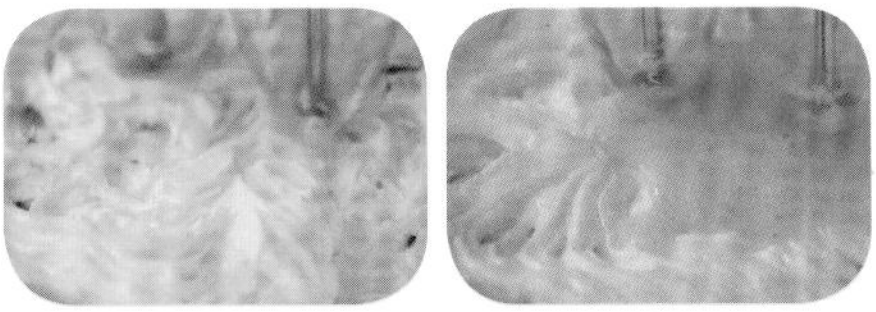

容器内放入室温软化的黄油，加入细砂糖 1 打发；倒入打散的鸡蛋，搅拌均匀。

2 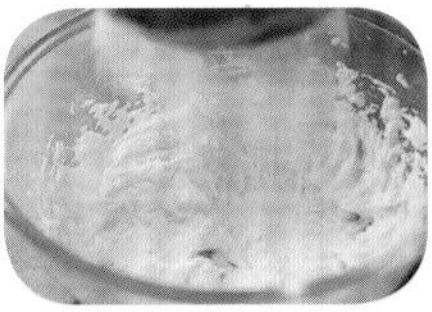

筛入低筋面粉，搅拌均匀。

3 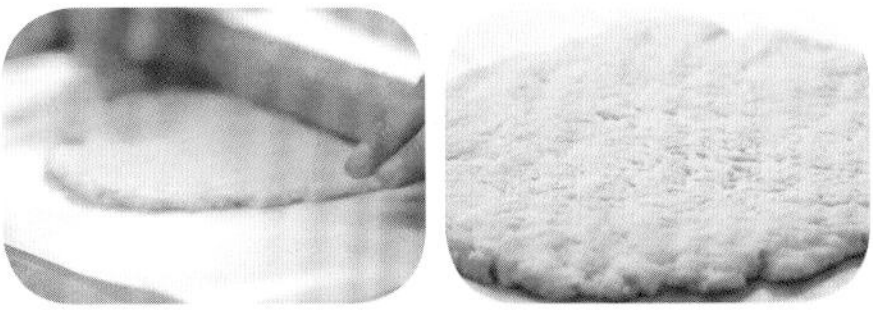

将面团放在烘焙纸上，擀成 1 厘米左右厚的饼干坯；放在烤盘上，放入预热好的烤箱，上下火 180℃，烤 10 分钟左右，取出晾凉备用。

4 

锅中倒入水，放入细砂糖 2，小火熬制，待糖的颜色变成红褐色时焦糖就熬好了。

5 

倒入烤好的腰果，迅速翻炒使每一颗腰果都裹满焦糖。

6 

将炒好的腰果倒在饼干上，放入烤箱 180℃烤 8 分钟。

7 

取出晾凉切块食用。

小贴士

黄油和细砂糖一定要打发蓬松，要采用翻拌的手法翻拌面糊，炒制焦糖酱一定要用小火。

椰香开口酥

小贴士

要将油皮面团揉至表面光滑，用保鲜膜包裹松弛 25~30 分钟；做造型时，切口不要切得太深，不然烤制时开口会过大，馅料会散开，形状不好看。

食材

低筋面粉 1	70 克
低筋面粉 2	100 克
黄油 1	50 克
黄油 2	40 克
黄油 3	20 克
水	40 克
细砂糖	20 克
红曲粉	20 克
椰蓉	50 克
糖粉	20 克
鸡蛋	1 个

制作过程

1 

将全部黄油分别隔水熔化。

2  

将椰蓉放入容器中，加入糖粉、熔化的黄油 3、鸡蛋，搅拌均匀后，分成均匀大小的若干份，再搓成圆球状放入冰箱冷藏 40 分钟；将低筋面粉 1、细砂糖放入容器中，加入熔化的黄油 2、水搅拌均匀揉成光滑的面团，盖上保鲜膜醒 20 分钟。

3  

将红曲粉放入容器中，加 1 小勺水搅拌均匀（喜欢绿色的，可用抹茶粉代替）；将低筋面粉 2 中加入熔化的黄油 1 搅拌均匀成酥皮面团，然后加入红曲溶液，搅拌均匀。

4 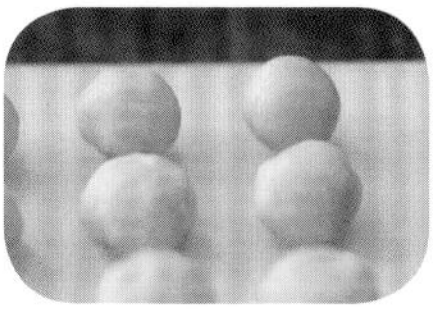

将油皮面团分成若干个 15 克的小面团，酥皮面团分成若干个 10 克的小面团。

5  

将油皮面团压扁后擀成圆形，然后将酥皮面团包裹严实呈球状，再擀成牛舌状，沿一端卷起，覆保鲜膜静置 10 分钟；将卷好的面卷由上向下再擀一次，然后卷起，静置 10 分钟。

6 

用筷子在面卷的中间压一下，再按平擀成圆形，然后将椰蓉馅包裹严实，滚呈圆形后在顶部切一个十字切口，放入预热好的烤箱，以上下火 180℃烤 30 分钟即可。

洋梨布丁

小贴士

制作布丁要将细砂糖分三次倒入蛋液中将蛋液打发；面粉要过筛，这样口感会更加细腻。

食材

低筋面粉	50 克
鸡蛋	2 个
牛奶	120 克
洋梨	1 个
细砂糖	30 克
柠檬汁	1 克

制作过程

1 

鸡蛋打成蛋液，分三次加入细砂糖打发。

2 

筛入低筋面粉，倒入牛奶、柠檬汁搅拌均匀。

3 

洋梨去皮，切小块。

4 

将洋梨摆入容器中。

5 

倒入面糊，没过洋梨。

6 

放入盛有水的托盘中，放入预热好的烤箱中，上下火 180℃，烤 30 分钟即可。

杧果布丁

食材

细砂糖	35 克
淡奶油	40 克
吉利丁粉	12 克
杧果	1 个

制作过程

1

将杧果去皮切成小丁，然后捣碎。

2

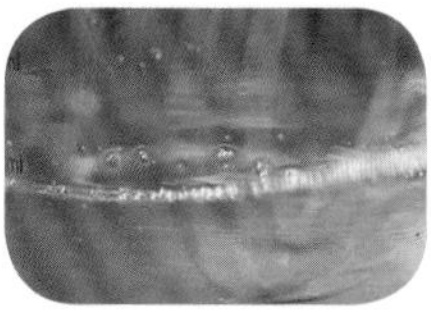

将吉利丁粉放入盛有 70℃热水的容器中搅拌至完全溶化。

3

放入细砂糖和杧果泥，搅拌至细砂糖完全溶化。

4

加入淡奶油搅拌均匀。

5

倒入模具中，放入冰箱冷藏 1 小时，就可以享受美味了。

小贴士

杧果可以切成丁，也可以用料理机打成泥；杧果液倒入容器中要轻轻震动几下将气泡震出。

菠萝布丁

小贴士

布丁液倒入容器中后轻轻震动几下将气泡震出。

食材

鸡蛋	2 个
淡奶油	50 克
盐	5 克
菠萝	120 克
细砂糖	20 克
牛奶	150 克

制作过程

1 

容器中倒入热水，将牛奶隔水加热。

2 

牛奶倒入容器中，加入鸡蛋。

3 

放入细砂糖、盐、淡奶油充分搅拌至盐、细砂糖完全溶化。

4 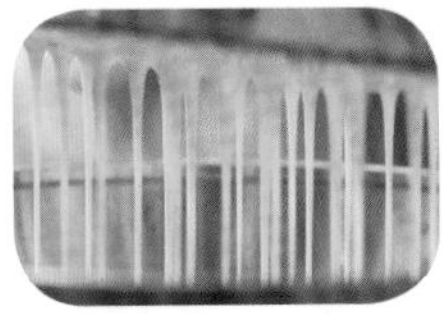

将搅拌后的蛋液中的残渣过滤掉，这样布丁的口感会更细腻。

5 

过滤后的蛋液倒入容器中，加入切碎的菠萝丁。

6 

托盘中倒入水后，放入盛有蛋液的容器，放入预热好的烤箱，上下火 150℃，烤 30 分钟。

7 

烤好的布丁取出晾凉后，放上切好的菠萝就可以食用了。

蛋黄酥

小贴士

要将油皮的表面揉至光滑，用保鲜膜包裹松弛 25~30 分钟；注意烤制的时间，烤至表面金黄即可。

食材

低筋面粉 1	100 克
低筋面粉 2	140 克
莲蓉	150 克
咸鸭蛋黄	10 个
白芝麻	6 克
黄油 1	45 克
黄油 2	45 克
盐	5 克
细砂糖	20 克
水	适量

制作过程

1

咸鸭蛋黄放入烤箱中先烤熟，上下火 170℃，烤 20 分钟。

2

容器中注入热水，全部黄油分别隔水熔化；制作酥皮：低筋面粉 1 中倒入黄油 1，搅拌均匀后醒发 20 分钟。

3

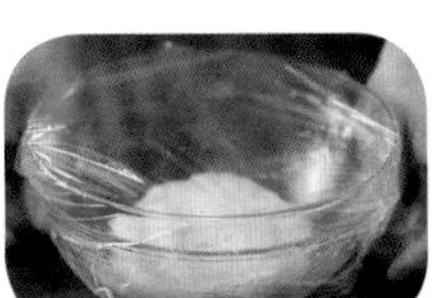

制作油皮：低筋面粉 2 中加入细砂糖、盐、黄油 2、适量的水，揉成光滑不粘手的面团，醒发 20 分钟。

4

油皮分成若干个小面球，每个 10 克，醒发 15 分钟；酥皮分成若干个小面球，每个 10 克，醒发 15 分钟。

5

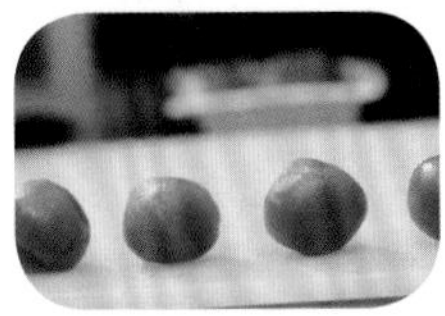

莲蓉分成若干个 30 克的小球。

6

将莲蓉馅碾压成圆饼状，然后把咸鸭蛋黄包裹起来；把油皮面团擀成面皮，然后把酥皮团包在面皮中，再擀成夹心面皮。

7

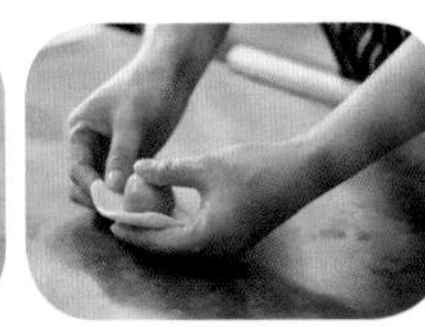

将面皮卷成面卷，然后将面卷擀成长条面片再次卷成面卷；将面卷压扁，再擀成面皮，然后将做好的莲蓉蛋黄馅料包到面皮中揉成圆形摆在烤盘上。

8

表面抹蛋液，撒上白芝麻，放入烤箱中，上下火 170℃烤制 25 分钟即可。

黑巧克力可可球

食材

中筋面粉	220 克
可可粉	25 克
黑巧克力碎	40 克
细砂糖	45 克
盐	1 克
黄油	150 克
香草精	2 滴
鸡蛋	2 个
糖粉	10 克

制作过程

1 

将黄油和细砂糖混合搅拌约 5 分钟。

2 

加入鸡蛋、香草精混合均匀。

3 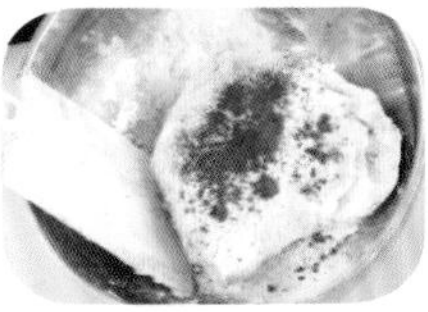

加入中筋面粉、可可粉、盐，搅拌均匀，不可以长时间搅拌以避免粉料上劲，加入黑巧克力碎揉匀。

4 

将饼干料揉成直径约 4 厘米的长棍形状。

5 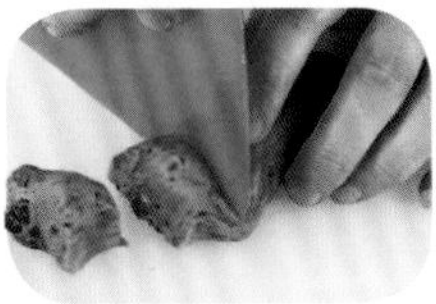

切成小段后揉成圆形饼干坯。

6 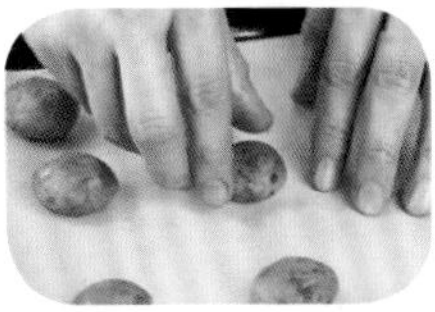

将饼干坯整齐地放在烤盘上，放入烤箱中，以 160℃的炉温烘烤 15 分钟后取出，表面装饰糖粉即可。

白巧克力花生球

食材

中筋面粉	200 克
花生碎	50 克
细砂糖	100 克
白巧克力碎	30 克
蜂蜜	30 克
鸡蛋	1 个
盐	1 克
黄油	100 克
香草精	5 滴

制作过程

1

将黄油和细砂糖混合搅拌约 5 分钟。

2

加入鸡蛋、香草精混合均匀。

3

加入中筋面粉、盐，搅拌均匀，注意不可以长时间搅拌以避免粉料上劲。

4

加入蜂蜜、白巧克力碎、花生碎搅拌均匀备用。

5

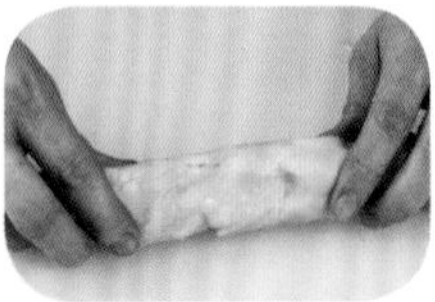

将饼干料搓成直径为 4 厘米的长棍形状，切成每个 15 克的小面团。

6

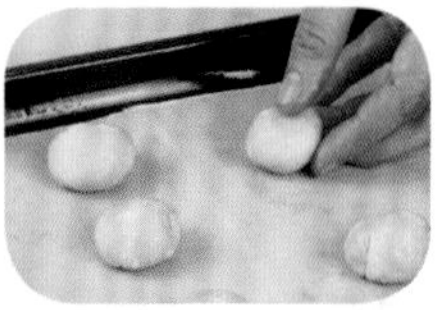

搓成圆形，摆放在烤盘上，放入烤箱，用 160℃的炉温烘烤 15 分钟，取出即成。

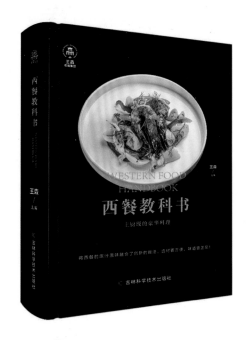